OBSERVATIONS
ET
EXPÉRIENCES
SUR DIVERSES PARTIES
DE
L'AGRICULTURE,

Par M. FORMANOIR DE PALTEAU,
de la Société Royale d'Agriculture de la Généralité de Paris, au Bureau de Sens.

Prix 24 sols broché.

A la Haye.
Et se trouve A PARIS;
Chez la Veuve D'HOURY, Imprimeur-Libraire de la Société Royale d'Agriculture de la Généralité de Paris, rue Saint Severin, près la rue S. Jacques.

M. D. CC. LXVIII.

AVIS DE L'AUTEUR

LA profeſſion que je fais depuis trente ans, de cultiver la terre avec quelque ſuccès, ayant ſouvent engagé mes voiſins à me conſulter ſur leurs opérations ; & les réponſes que je leur ai fournies, puiſées ſoit dans mes lectures, ſoit dans ma propre expérience, ayant preſque toujours rempli leur objet ; ils m'ont invité à raſſembler tout ce que j'ai écrit & obſervé ſur cet Art. C'eſt pour me rendre à leurs ſollicitations que j'offre au Public les différens Mémoires contenus dans ce Volume ; quelques-uns ont été communiqués & lus aux Aſſemblées de la Société Royale d'Agriculture, dont j'ai l'honneur d'être Membre. Je me flatte qu'on y trouvera des choſes utiles dans la pratique ; au reſte, c'eſt aux Cultivateurs de profeſſion à juger du mérite de Ouvrage entier.

TABLE DES MATIERES.

B.

C.

D.

E.

Fin de la Table des Matieres.

OBSERVATIONS

OBSERVATIONS ET EXPERIENCES

SUR DIVERSES PARTIES de l'Agriculture.

MÉMOIRE

SUR les différentes eſpèces de Terre.

LA connoiſſance des terres eſt la baſe de toutes celles que l'on peut acquérir ſur l'Agriculture : ſans cette connoiſſance on marchera toujours au hazard : on fera, à grands frais, des tentatives infructueuſes, & on finira par ſe rebuter. Mais lorſqu'on a cette connoiſſance, on ne confie à ſon ſol que les productions qu'il peut donner; on varie, avec avantage, des eſſais ſur les productions des pays étrangers; on s'enhardit à faire des expériences ſur des terreins qui ſont devenus preſque inutiles par l'ignorance du colon, & par ſon obſtination à ſuivre une routine vitieuse, les succès de ces expériences donnent de nouvelles forces, & tel qui, faute d'avoir cette connoissance, découragé par le mauvais succès de ses premiers essais, auroit renoncé pour toujours à un art si utile, animé par la réussite, étudie, travaille, continue à prospérer, & devient bientôt un excellent Cultivateur qui quadruple le produit de sa terre, encourage ses voisins par son exemple, les instruit, guide leurs essais, & tous travaillans de concert, parviennent à trouver la fertilité de la terre promise où étoit auparavant un désert affreux & inculte.

Quoique la nature de la terre varie à l'infini, nous n'en distinguerons ici que cinq espèces : la terre sableuse ou sablonneuse, la pierreuse, la crayonneuse, l'argilleuse & la terre franche. C'est au Cultivateur à connoître de laquelle de ces espèces son sol tient le plus, & à travailler en conséquence des principes généraux.

De la Terre sableuse ou sablonneuse.

La terre sableuse est celle où les particules de sable dominent, elle est chaude, se divise aisément, reçoit facilement les impressions du soleil, boit l'eau avec avidité & se desseche promptement. Elle donne des légumes & des grains de meilleure heure & de meilleur goût que les autres terres; mais en moindre quantité : elle est moins propre aux productions qui demandent de la graisse, de la fraîcheur, & beaucoup de nourriture, comme le froment, l'orge & le foin : elle donne beaucoup mieux du seigle, du sarrazin, du sain-foin; lorsqu'elle eſt bien amandée, & à portée de l'eau, elle eſt propre à preſque tous les légumes, ſur-tout aux racines, aux haricots, aux melons & généralement à tout ce qui demande de la chaleur & dont on veut jouir de bonne heure.

Si elle a du fonds, & ſur-tout ſi le lit de deſſous tient un peu de l'argile, le chêne, le hêtre, le châtaignier, le charme & l'érable y viennent de préférence & très-promptement; elle fait un effet admirable pour toutes ſortes de productions quand elle eſt mariée avec diſcernement à la terre argilleuſe & froide qu'elle diviſe & échauffe en même temps qu'elle en reçoit de la graiſſe & de la fraîcheur.

De la Terre pierreuſe.

La terre pierreuſe ſe diviſe en pluſieurs eſpèces: celle où la pierre domine abſolument, & n'eſt mêlée que d'un peu de ſable maigre, ne vaut pas communément la culture & ne peut produire que quelques landes, bruyeres, genievres & autres arbuſtes qui donnent à peine quelque nourriture au lapin.

Celle qui eſt compoſée de pierres & de mine de fer, ou d'une terre qui tient de l'argile dont ſe ſervent les potiers, n'eſt gueres plus fertile que la précédente; peut-être ces deux dernieres eſpèces produiroient-elles quelque peu de mauvais chêne, charme, coudre ou érable; mais je ne conſeillerois pas d'entreprendre d'y faire de grandes plantations, à moins qu'on n'eut fait précéder différentes épreuves en petit, ſans quoi l'on riſqueroit des frais conſidérables que les productions ne pourroient peut-être jamais rendre.

La terre pierreuſe dans laquelle domine un ſable gras, peut rendre à peu-près les mêmes productions que la bonne terre ſableuſe, & de plus, ſi elle eſt bien expoſée, elle peut produire de la vigne & d'aſſez bon vin, en obſervant ſi le coteau eſt ardueux, de couper les vignes par des foſſés & des haies aſſez fréquens pour empêcher que les terres ne ſoient emportées par les eaux.

Preſque toutes les eſpèces de bois y feront très-bien.

Enfin l'eſpèce de terre dans laquelle la pierre eſt mêlée d'une terre argilleuſe & compacte, eſt très-difficile à cultiver; mais ſi la pierre n'y domine pas abſolument, elle peut donner d'aſſez bonnes récoltes en méteil & en avoine; ſi elle a du fonds, produire de beaux chênes; & ſi elle eſt en coteau à un bon aſpect du ſoleil, la vigne s'y plaira, y pouſſera vigoureuſement & donnera du vin paſſable.

De la Terre crayonneuſe.

Les ſols crayonneux ſont ou tout purs de craie fondue ou mêlés de cette craie fondue & de terre.

La craie proprement dite en maſſe ou en rocher, qui n'a point été cultivée ni entamée, mais qui eſt tendre & par-là aiſée à rendre friable, eſt fraîche & humide, même dans les plus grandes chaleurs & ſécheresſes; elle eſt communément traverſée & diviſée par des fentes très-étroites où le chevelu de la vigne aime à ſe gliſſer, pour y chercher de la fraîcheur & quelques ſels qui lui ſont analogues; ſon humidité ſe manifeſte lorſqu'on veut l'entamer, chaque coup de pic forme dans le trou qu'il fait une espece de bouillie blanche & liquide qui est la preuve de l'eau qu'elle contient. Cette expérience jointe aux dissolutions de cette terre dans le vinaigre, le feu & l'eau, me l'a fait prendre, ainsi qu'à plusieurs Cultivateurs, pour de la marne que de pareils effets caractérisent, cependant nous nous sommes trompés sur ce point.

Cette même craie fraîche, tant qu'elle est en rocher, lorsqu'elle est pulvérisée par la culture & les météores, forme un sol très-chaud & très-altéré, qui mêlé de terre & d'amendemens froids, donne de très-beaux fromens & sain-foin ; & si elle est bien exposée, elle pourra produire de la vigne, foible à la vérité & de peu de durée, mais dont le vin sera capiteux, léger, & propre par son mélange à bonifier les gros vins.

On ne peut y faire prendre que des seps garnis de racines & à l'aide de terres rapportées froides, argilleuses & grasses, s'il est possible, que l'on mettra au pied de chaque sep lors de la plantation, dont on fera souvent des couches au haut de la vigne pour réparer les pertes de terre causées par la culture & par les eaux qui l'enlevent, & qu'on mettra même en ruelles entre les perchées, lorsque la vigne paroîtra le demander.

Le crayon fondu, mêlé naturellement de terre, peut donner de très-belles récoltes en froment, quelques légumes hâtifs & de bon goût, le tout en proportion de la qualité & quantité de terre avec laquelle il se trouvera marié.

Suivant son expédition, il peut produire

de très-bon vin, avec des précautions à peu près semblables à celles que nous exigeons pour le crayon pur, dont néanmoins on pourroit se passer absolument si la terre dominoit le crayon; dans ce cas, ces précautions accéléreront & doubleront les productions, prolongeront la durée de la vigne, épargneront les frais de provins qui sont très-considérables dans une vigne qui prend mal, & ne détérioreront pas la qualité du vin.

Lorsque l'on voit les vignes plantées en crayon se lasser, il ne faut pas entreprendre de les rétablir par les provins & les amendemens; on feroit, en pure perte, des frais considérables. Il vaut mieux les arracher & semer le terrein en sain-foin, il donnera autant d'herbe que les meilleurs prés, & lorsque le sain-foin sera usé, il laissera la terre beaucoup plus propre à nourrir la vigne, qu'elle ne l'auroit été si on l'avoit semée en grain.

Il y a une autre espèce de tuf ressemblant par sa couleur à la craie, mais ayant toute la consistance du plâtre employé; ce tuf pulvérisé par une culture forcée & mêlé de terres froides peut produire des vignes foibles donnant de bon vin, du sain-foin médiocre & du seigle : cependant on ne conseille pas d'en entreprendre la culture, à moins qu'il ne soit recouvert naturellement d'un pied au moins de terre.

Les terreins crayonneux ne peuvent produire en arbres, que des noyers & coudriers qui n'y donnent que de très-foibles pousses.

De la Terre argilleuse.

La terre argilleuse est froide, pesante, serrée,

difficile à diviſer, elle retient l'eau, elle eſt graſſe & pleine de ſels, mais comme les parties en ſont extrêmement compactes, ces ſels n'agiſſent que difficilement, & les fibres tendres des plantes ont peine à s'y menager un paſſage pour aller chercher leur nourriture; il s'agit donc de la diviſer par de fréquentes cultures faites à propos, & de la maintenir en cet état par des fumiers chauds, la marne, la cendre, la chaux & les ſables que l'on pourra y tranſporter; alors elle portera les plus beaux fromens & toutes ſortes de grains, comme nous le voyons dans la Brie, qui donne les plus belles récoltes, & qui n'en rendroit que de très-médiocres, ſans les ſecours que nous indiquons.

Elle n'eſt point propre à la vigne: ſi elle a du fonds, elle produit les plus beaux poiriers à plein vent, de très-beaux chênes, & toutes les eſpèces de bois blanc qui ne demandent pas le voiſinage de l'eau.

Si elle eſt graſſe & bien fumée, elle produira de gros légumes tardifs; mais ſi l'on pouvoit la mélanger en portions égales avec du ſable gras, elle donneroit avec abondance tout ce qu'on lui demanderoit.

De la Terre franche.

C'eſt ce mélange, qui, fait par la nature, compoſe la terre que nous appellons franche; la meilleure, ſans contredit, pour toutes les eſpèces de productions utiles & agréables, & un vrai tréſor pour les propriétaires qui ont le bonheur de la poſſéder, ſur-tout ſi elle eſt en plaine, & ſi elle n'eſt pas trop reſſerrée par les montagnes qui occasionnent l'excès de la chaleur & du froid.

Il résulte de la connoissance des différens terreins, la nécessité de réchauffer & diviser les terres argilleuses & froides par des engrais chauds qui donnent entrée aux rayons du soleil, aux rosées & aux pluies qui, sans cela couleroient dessus sans la fertiliser, & de rafraîchir & réunir par des engrais froids & gras la terre sableuse qui, étant de sa nature chaude & divisée, est plus facilement pénétrée des rayons du soleil qui la dessechent & n'est point désaltérée par les pluies qui ne font que passer au travers, sans qu'il reste aucune humidité dans son sein.

Nous allons détailler dans le mémoire suivant les différens fumiers & engrais qu'on y peut employer.

MÉMOIRE

Sur les Fumiers & Engrais.

TOUTES les espèces de fumiers ou engrais, en général, servent à nourrir les sels de la terre, à lui en procurer de nouveaux, à augmenter ses sucs, à les fortifier, à les rétablir, à leur donner plus de chaleur & d'activité. Placés avec intelligence, ils divisent & réchauffent les terres argilleuses, compactes & froides; ils réunissent & rafraîchissent celles qui sont chaudes & divisées de leur nature. Enfin, sans eux la terre, privée d'alimens propres à réparer les pertes occasionnées par ses productions, deviendroit dans un état d'apauvriſſement qui ne pourroit être réparé que par un long repos.

Un des plus grands avantages qu'un Cultivateur puiſſe avoir, c'eſt d'être à portée de pluſieurs eſpèces d'engrais & d'en avoir une parfaite connoiſſance pour en faire uſage ſuivant la commodité des tranſports & ſuivant qu'ils conviennent à ſon terrein.

Des Fumiers.

La meilleure maniere de les façonner & de les mûrir, eſt de les mettre, au ſortir de l'étable dans une foſſe deſtinée à cet uſage : il faut que cette foſſe ne ſoit pas trop expoſée à l'ardeur du ſoleil qui les deſſécheroit & en diminueroit la quantité ; il ne faut pas non-plus qu'elle ſoit abſolument privée des influences de ſa chaleur, ils perdroient alors une partie de leur force & de leur ſels : il faut tâcher que les eaux pluviales de la baſſe-cour s'y rendent & y amenent les différens engrais qu'elles pourroient entraîner avec elles, de façon cependant qu'on puiſſe les détourner, lorſque la foſſe en aura ſuffiſamment ; elle doit avoir la forme d'un abreuvoir en carré long, avec une pente très-douce à ſon entrée pour en faciliter l'enlevement. Il faut lui donner cinq à ſix pieds de profondeur à l'extrémité oppoſée à ſon entrée, & il eſt d'une grande conſéquence, lorſqu'on y dépoſe les fumiers, de laiſſer un vuide de cinq à ſix pieds de large à cette partie la plus profonde, pour recevoir les eaux qui auront ſiltré à travers le tas afin d'empêcher la trop grande humidité, qui, en lavant les fumiers, leur feroit perdre leurs ſels,

& pour conſerver ces mêmes eaux, qui, dans le beſoin ſerviront à les arroſer.

Il eſt encore à propos de ménager, à l'excédent des eaux que les orages imprévus améneroient dans la foſſe, une iſſue qui les conduiſe dans les terres ou les jardins voiſins de de la baſſe-cour où elles porteront un engrais admirable ou bien dans un réſervoir pratiqué à cet effet, d'où l'on pourra les tranſporter dans le temps des glaces.

Si toutes les terres de la ferme ſont de même nature & les étables voiſines les unes des autres, le mieux eſt de n'avoir qu'une foſſe ou les différens fumiers ſe mêleront & ſe communiqueront leurs différentes qualités. Si au contraire partie de la ferme eſt composée de terres chaudes, & partie de terres froides, il faut avoir deux foſſes pour mettre dans l'une les fumiers chauds & dans l'autre les froids; par-là on ſe mettra en état de réchauffer ou de rafraîchir les terres ſuivant qu'elles le demandent.

Il ſeroit à propos, lorſque le fumier à preſque atteint ſon point de perfection, ſuppoſé que l'on n'eût point alors de terre prête à le recevoir, de le tirer de la foſſe & de le raſſembler dans un tas, en prenant la précaution d'expoſer ce tas au nord; de lui donner la figure d'un carré long & au moins quatre à cinq pieds de hauteur; d'enduire le tout de la boue qui ſe trouve au fond de la foſſe; & de les recouvrir de trois à quatre pouces de terre meuble ou de pouſſiere ramaſſée dans les chemins, pour empêcher le ſoleil, le vent & la volaille d'y faire aucun tort, & pour en augmenter la quantité. Ce fumier, ainſi raſſemblé, acheve de ſe mûrir, & fait un engrais des plus parfaits, de maniere que ſix bonnes voitures ſuffiſent par un arpent meſure de Paris.

Il eſt dangereux de mettre le fumier dans les terres, au ſortir de l'étable : 1°. Parce qu'il eſt ſujet à produire beaucoup d'herbes, les germes des graines qu'il renferme n'ayant pas été brûlés par la fermentation. 2°. Il ſe mêle difficilement avec la terre, & s'embarraſſe ſouvent dans la charrue ; alors il ſe met en tas, & forme dans les guerets des inégalités où le bled ne peut pas produire étant, pour ainſi dire, ſuſpendu en l'air : le fumier conſommé à ſon véritable point a un tout autre effet. Il ne faut pas entendre par-là un fumier réduit en terreau, il n'a d'autre mérite alors que de rendre la terre plus légere & de l'engraiſſer un peu ſans lui communiquer ni chaleur ni activité.

Le fumier dans ſon état de perfection, produit un effet admirable dans les terres, en leur donnant de la chaleur & des ſels. On peut l'y porter lors du labour qui précéde la ſemaille, qui eſt le binage ſi l'on ne donne que trois façons, & le rebinage ſi on en donne quatre. On peut auſſi ne le mettre que lors de la ſemaille. Dans le premier cas, il eſt mieux mêlé avec la terre, & ſes ſels ſont mieux répandus. Dans le ſecond, il donne plus de chaleur ; on doit ſur-tout le répandre auſſi-tôt qu'il eſt dans les terres, & les labourer ſur le champ : ſi on l'y laiſſe ſéjourner en fumeraux, la ſuperficie ſe deſſeche & perd ſa vertu & une grande partie des engrais reſte dans la place où il a été dépoſé. Le fumier réduit en terreau à preſque perdu toute ſa chaleur, il eſt propre pour le potager & pour toutes ſortes de prairies; on peut même y joindre la terre où il a ſéjourné, elle en a reçu les ſels & les engrais; le tout mêlé enſemble, fait pouſſer l'herbe avec la plus grande force; mais il n'y a point d'économie à ſe procurer cette eſpece d'engrais, ſix voitures de fumier en produiſe à peine une de terreau.

Du Fumier de Mouton.

Le plus excellent de tous les fumiers, celui dont l'action eſt la plus marquée & la plus durable, c'eſt celui des bêtes à laine; il eſt extrêmement gras & chaud, & malgré ſa chaleur fait de très-grands effets, même dans les terres chaudes: il fait beaucoup mieux dans celles qui ſont argilleuſes & froides; ſi on en met un tiers moins que de tout autre, il donnera de plus belles productions: il veut être gouverné dans la cour, comme nous l'avons dit ci-deſſus.

On peut lui faire faire un effet plus marqué en faiſant parquer les moutons; le parc eſt ſans contredit, le plus puiſſant de tous les engrais, ſur-tout dans les terres froides. Le crotin & l'urine de ces animaux échauffent & engraiſſent prodigieuſement la terre; & quoique le court ſéjour qu'ils font dans le parc affaiſſe, batte & condenſe le terrein, comme l'aire d'une grange, quoiqu'il lui faſſe perdre le ſoulagement que les labours qu'il a reçus auroient dû lui procurer & qu'il rende les ſuivans très-pénibles, cependant l'engrais que ces bêtes y laiſſent le fertiliſent au-delà de tout ce que l'on connoît.

En 1754, je fis parquer une petite portion de

terre argilleuse froide & d'un médiocre rapport, au milieu d'une piéce de seize arpens de même nature ; l'année suivante, cette petite portion produisit plus du double proportion gardée, que le reste de la piéce qui avoit eu les mêmes labours, & dans laquelle on avoit mis sept à huit voitures de bon fumier par arpent. En 1758, cette portion fumée & labourée comme le reste de la piéce, porta encore le double. Enfin, en 1762 & 1764, à fumiers & labours égaux, le bled a toujours été plus beau & très-aisé à distinguer.

Ces belles productions d'une terre affaissée & condensée par le parc, sembleroient contredire le systême des Cultivateurs qui prétendent que la culture seule peut réparer la perte des sels que les productions occasionnent nécessairement à la terre : je n'entreprendrai point ici de le combattre.

Un autre avantage du parc est de donner une qualité supérieure à la laine.

Comme le tems que les bêtes doivent séjourner dans le parc dépend du besoin que la terre a d'engrais & que les différentes façons de parquer dépendent aussi des usages locaux, de la facilité que l'on a à se procurer soit des planches, soit des claies, soit toute autre espèce de clôture portative, je n'entrerai dans aucun détail sur ces articles, je dirai seulement qu'on ne doit rien ménager pour avoir un bon berger & des chiens vigilans.

Du Fumier des Bêtes à corne.

Ce fumier est gras & frais, excellent pour les terres chaudes légeres & sableuses, qu'il réunit

& engraiſſe. Il craint plus qu'aucun autre d'être lavé dans la foſſe, l'excrément de ces animaux étant facile à délayer & à entraîner par l'eau; c'eſt pourquoi ſi l'on met tous les fumiers dans le même trou, il ne faut pas que celui-là ſoit au fond; il faut auſſi qu'il ſoit recouvert de quelque litiere ou autre fumier, pour empêcher l'action du ſoleil ſur les boues de vaches qu'il deſſeche facilement.

Si l'on a une foſſe deſtinée particuliérement pour cette eſpèce de fumier, il faut y laiſſer entrer moins d'eau que dans les autres & le tenir couvert comme nous venons de dire.

Il eſt le meilleur de tous pour les vignes.

Du Fumier de Cheval.

Le fumier de cheval, âne & mulet eſt chaud, ſec & moins gras que les autres, par conſéquent plus propre aux terres froides. Si l'on n'a qu'une foſſe à fumier, il faut mettre celui-ci au fond afin que l'humidité l'engraiſſe; ſi on en a qui lui ſoit particuliere, il faut l'y tenir humide & l'arroſer ſouvent; mais ne pas le laver. Sans ces précautions, il moiſit, & ne donne alors aucun engrais à la terre; il fait très-bien lorſqu'il eſt mêlé avec ceux de mouton ou de bœuf qui lui communiquent leur graiſſe.

S'il eſt ſeul, il fait mieux dans les jardins qu'ailleurs; il eſt le ſeul bon à faire des couches. Cependant il réchauffe & diviſe les terres argilleuſes & froides & y fait un bon effet.

Du Fumier de Porc.

Ce fumier eſt maigre & frais. Comme l'animal mange avec avidité, il ne digere pas tout le grain qu'on lui donne, qui est ordinairement des criblures, & tout ce qu'il y a de plus mauvais. Ce qui s'en trouve dans ses excrémens, attire les taupes & mulots, qui bouleversent tout pour le manger; ou bien ces mauvaises graines levent & salissent les bleds.

Pour obvier à cet inconvénient, il faut ne le transporter dans les terres, que lorsqu'il est bien consommé & presque réduit en terreau. Ainsi, pour le façonner, il faut le mettre au fond de la fosse.

Il est d'un meilleur usage dans les vignes, qu'ailleurs.

De la Colombine.

Le fumier de pigeon ne veut pas être mis en fosse, il faut le déposer dans un endroit sec, & le garantir des volailles par des fagots ou des claies. Il est encore mieux de le mettre à couvert sous une halle. Il est le plus chaud de tous, & quoiqu'il ait peu de graisse, il fait un effet merveilleux & très-prompt dans les terres argilleuses & froides; mais comme il les échauffe sans les engraisser, il ne leur donne qu'une vivacité momentanée pour une seule production, après laquelle la terre reste dans une espece d'appauvrissement dont on s'apperçoit au menu grain qui suit ordinairement le bled; ce qui n'empêche pas que cet engrais ne soit très-précieux pour les terreins froids, dont il double presque toutes les productions en froment.

Il veut être répandu en semant le bled. Cette opération demande une très-grande attention. Le mieux est, après l'avoir bien émingré, de le mettre dans des sacs pour le conduire dans le champ, le vuider du sac dans le semoir, & le répandre à la main, dans la proportion de dix mesures pour une de bled, que l'on seme, ce qui fait environ dix sacs par arpent: si on le transporte dans un tombereau, il faut le décharger dans le champ, par petits tas bien espacés, d'où on le prend dans le semoir, pour le répandre à la main dans la plus grande égalité. On a grand soin de n'en pas laisser du tout dans l'endroit où les tas ont été déposés, la poussiere seule suffit pour fertiliser ces places, le bled y verseroit si on y laissoit la moindre apparence de colombine. Il faut le répandre à mesure qu'on le charrie: si on laissoit pleuvoir dessus, l'eau en feroit entrer une partie dans la terre voisine des tas: elle en seroit trop réchauffée, & ne produiroit que de la paille; ce qui resteroit de crotin se mettroit en pelotte, & ne pourroit plus se diviser ni se répandre, on peut l'employer dans une autre saison, & toujours avec un grand succès.

Lorsqu'à la fin de l'hyver, on voit quelque partie de froment jaune, foible, & dans un état de dépérissement, soit pour n'avoir pas été fumé avant la semaille, soit pour avoir eu trop d'eau, on peut tirer du colombier ce qu'il y a de fumier d'hyver, le transporter au bout du champ de bled, par un temps sec ou de gelée, en prendre dans le semoir, & passant dans les raies, le répandre à la main sur les sillons; il ranimera le bled presque mort, & quinze jours après cette opération, il égalera les plus beaux. Il seroit même à propos de placer ainsi toute la colombine d'hyver qui se tire du colombier au mois de Mars: elle a alors tout

tout ſon feu ; au lieu qu'en la gardant juſqu'à la ſemaille des bleds, elle perd une grande partie de ſon activité, ſe pulvériſe, & fait moins d'effet.

Les fumiers de volailles & dindons ont la la même chaleur & ſont plus gras : on peut les employer de même ; ils ſont un auſſi grand effet, mais les Fermiers les mettent ordinairement dans les jardins ou dans les chenevieres.

Des Boues.

Les boues de la baſſe-cour, ſi elle eſt humide ; celles des chemins fréquentés par les beſtiaux & harnois, & qui avoiſinent la ferme, peuvent, ſi l'on en tire parti, produire des engrais conſidérables. Pour y parvenir, il faut, dans les temps pluvieux de l'automne & de l'hyver, couvrir ces parties de pailles, ſi on en a ſuffiſamment, ſinon de bruyeres, genêts tendres, fougeres, roſeaux, feuilles & généralement de toutes les grandes herbes qui ne ſervent pas à la nourriture des beſtiaux, & de tous les arbuſtes, tontures, & autres bois qui n'ont pas aſſez de conſiſtance pour faire du feu. Après avoir répandu ces litieres dans les endroits le plus ſouvent piétinés, on peut les recouvrir d'un peu de terre menue, ſi on en a à ſa portée : cette terre augmentera à la vérité la boue, mais auſſi elle augmentera en quantité & qualité l'engrais que l'on relevera tous les mois plus ou moins, ſuivant que l'on trouvera les litieres broyées & bien mêlées avec la boue. L'on en fera des tas que l'on battera avec la pelle, & que l'on enduira de ce qu'il y aura de plus liquide. La forme d'un carré long eſt la plus convenable à donner à ces tas ; on les laissera mûrir parfaitement : on ne peut pas fixer le tems qui est nécessaire pour leur faire acquerir cette maturité : c'est au Cultivateur intelligent à le connoître.

Cet engrais est bon par-tout : on en couvre ordinairement les prés naturels & artificiels, où il fait un effet admirable : on en remplit aussi les fosses de provins de vignes. Si on veut le mettre dans les terres à bled ; vingt ou vingt-cinq voitures, par arpent, engraisseront la terre pour plusieurs années. Tant que la saison est pluvieuse, il faut recommencer la même opération, pour multiplier un engrais aussi précieux, sur-tout pour les terreins chauds & secs.

Du Sable.

Dans les terreins qui produisent peu de pailles, & dans les cantons où l'on trouve à la vendre fort cher, (ce qui est cependant une mauvaise œconomie) si on a à sa portée une carriere de sable fin & gras, on peut en tirer dans les tems où les valets sont le moins occupés, le charroyer près de la bergerie, le mettre à couvert, s'il est possible : & l'hyver, tems auquel le fumier des pailles qu'on fait, rend moins de profit que dans une autre saison, parce qu'il se réduit presque à rien, en attendant le tems de le transporter dans les guérêts ; l'hyver, dis-je, on peut mettre dans la bergerie deux à trois pouces de sable en guise de litiere, l'y laisser quinze jours ou trois semaines, au bout duquel tems il sera couvert du crotin des moutons, & humecté de leur urine : alors il faut le tirer, & le charger en même-temps dans le tombereau, qui, pour plus de facilité, doit entrer dans la bergerie, le voiturer dans une terre argilleuse, & l'y répandre sur le champ. Ces différentes opérations mêleront parfaitement le fumier avec le sable qui sera imbibé d'urine, & trente ou quarante tombereaux d'un pareil engrais échauffent & divisent un arpent de terre pendant plusieurs années.

Des Balayeures.

Tout Cultivateur attentif a, près de l'endroit qu'il habite, une fosse seche, dans laquelle il a soin que l'on jette toutes les balayeures de la maison, les cendres de lessive, les feuilles que l'on peut faire ramasser, le marc de raisin, les harnois pourris, les immondices de cuisine, la suie des cheminées, les rognures de cuirs, d'étoffes, &c. les lies de vin, dont on a déjà tiré partie en eau-de-vie, vinaigre, ou écurage, les eaux de lessive; celles de savonage; celles où l'on fait tremper les salaisons; enfin toutes les ordures, & tout ce qui nuit & embarrasse dedans & autour d'une maison. Toutes ces matieres composent un engrais admirable pour les prés de toute espece, & excellent dans les terres à bled. Cette fosse doit être vuidée en automne, après qu'on en a retiré ce qui n'est pas assez consommé. Ces matieres se feront communiqué leurs sels réciproques, augmentés de ceux des fumiers de volailles & de pigeons qui les y déposent en y cherchant leur vie.

J'ai éprouvé que vingt-cinq ou trente tombereaux de cet engrais, par arpent de terre froide, lui font porter d'aussi beau froment que la colombine miſe à la quantité ſpécifiée ci-deſſus, & l'effet en eſt beaucoup plus durable.

De la Matiere fécale.

L'on ne doit point vuider dans cette foſſe la ſtercoration humaine, qui eſt le plus chaud, le plus gras, & le plus vif de tous les engrais : malgré ſa chaleur naturelle, on en fait uſage dans les climats & ſur les terreins les plus chauds, comme en Perſe, où il eſt extrêmement recherché pour les melons.

Dans les pays froids, comme les Pays-Bas, il ſe vend pour réchauffer & engraiſſer les terres deſtinées à produire les plantes qui demandent le plus de graiſſe & de chaleur : on l'emploie de préférence pour le chanvre & le lin, mais il faut qu'il ait été enfoui en terre pendant quelques mois, afin qu'il y perde ſon grand feu & ſon infection. Dans l'intérieur du Royaume, les Laboureurs l'emploient ordinairement dans les chenevieres.

J'en ai tiré un grand parti en le mettant, même au ſortir de la foſſe d'aiſance, dans un tas d'engrais artificiel : un tombereau de cette matiere en vaut quatre de fumier ordinaire ; & s'il paſſe ſix mois enveloppé dans les couches de terre, il y perd ſa grande chaleur & ſon odeur, de façon qu'on ne s'en apperçoit point du tout, lors de la démolition des tas.

Aux environs des grandes villes, on le laiſſe pluſieurs années enfoui dans des foſſes recouvertes de terre, après quoi il fait un excellent terreau. Nous en parlerons ci-après à l'article des engrais artificiels.

Des Urines.

Si on ne veut rien perdre de ce qui peut fertiliſer la terre, il faut pratiquer à la vacherie un écoulemenr qui conduiſe l'urine dans la foſſe. Elle communiquera au fumier les ſels dont elle eſt remplie : ſi, jointe aux eaux pluviales, elle eſt trop abondante, & capable de laver les fumiers, on lui donnera un autre écoulement qui conduira le ſuperflu dans quelque pré voiſin de la maiſon ou dans le jardin. Quelques eſpeces de gros légumes s'en trouveront très-bien. On peut encore la faire tomber dans un trou fait pour la recevoir : dans ce cas ; l'hyver, lorſqu'elle ſera gelée, on caſſera la glace, on la pulvériſera, & on la conduira dans un tombereau, ſur les parties de bled qui paroîtront languir : lorſqu'elle fondera, ſes ſels les ranimeront, & leur rendront toute la vigueur poſſible.

Des Coquillages.

Dans les environs de la Mer, on couvre les terres de coquillages, qui, à meſure qu'ils ſont remués par la charrue, dépoſent quelques-uns des ſels dont ils ſont compoſés, & ces ſels fertiliſent ſingulierement la terre : de façon qu'un Laboureur, qui eſt parvenu à en couvrir ſes champs, eſt ſûr de récolter beaucoup tout le tems de ſa vie.

L'algue & les autres plantes marines font auſſi un très bon effet, mais il n'eſt pas auſſi durable que celui des coquillages, & il faut que ces matieres aient été quelque tems en tas à fermenter, avant que de les mettre dans les terres.

Les inteſtins & iſſues des poiſſons, que l'on vuide avant de les ſaler, font un engrais des plus vifs.

Lorſqu'il ſe trouve dans le voiſinage de la Mer des terres argilleuſes, froides & compactes, le ſable y fait un effet admirable. On ne doit pas craindre d'en trop mettre. Heureux qui peut jouir d'un pareil avantage !

Des Démolitions.

Les démolitions bien pulvériſées, & purgées de pierres, font un très-bon effet dans toutes les terres, & ſur-tout dans celles qui ſont froides & argilleuſes : le ſable, qui entre dans leur compoſition, les diviſe, la chaux les échauffe & y jette de nouveaux ſels. Les démolitions mêmes des murailles, ou planchers faits en terre, ſans ſable ni chaux, ſont auſſi très-bonnes, quoique l'on prenne pour ces ouvrages des terres froides & qui ſe ſcellent. Le long eſpace de temps qu'elles ont paſſé, ſans recevoir les influences des pluies, les a atténuées de ſorte qu'elles ſe mettent d'elles-mêmes en pouſſiere, & diviſent les terres dans leſquelles on les répand.

Des Immondices de Tannerie.

Tout ce qui ſort des Tanneries, compoſé de lambeaux de peaux, du poil des animaux, de chaux, de tan, fait un des engrais des plus vifs que je connoiſſe. Il faut bien ſe garder de le mettre trop épais, ou il brûleroit la ſemence, ou s'il ne la brûloit pas, il l'animeroit tellement que la paille pouſſant avec trop de vivacité, deviendroit trop haute, ne pourroit pas ſe ſoutenir, & ne produiroit qu'un épi vuide de grains. Il faut donc de la circonſpection pour employer cet engrais avec une juſte économie, & ſur-tout n'en laiſſer aucun veſtige dans la place où il aura été déchargé.

Des Immondices des Boucheries.

Les parties des inteſtins des animaux qui ne ſont d'aucun uſage pour la nourriture, les alimens digérés ou non digérés qui ſe trouvent dans leur eſtomac, les argots, même les cornes; pourvu qu'elles ſoient réduites en copeaux, enfin tout ce qui ſe trouve inutile, doit être dépoſé dans une foſſe : on y fait couler tout le ſang dont on ne fait point uſage, ainſi que les urines : on peut laiſſer le tout enſemble juſqu'à ce qu'il ait acquis la maturité convenable, ou le tranſporter ſur le champ dans les terres; il y ſera toujours un excellent engrais.

Des Suies.

Si l'on a pluſieurs feux, on peut ramaſſer une certaine quantité de ſuie : il faut la tenir en tas, en lieu ſec & couvert, & à la fin de l'hyver, la répandre ſur les parties de froment les plus foibles. On la répand de la même maniere que la colombine, & à la meſure de vingt-cinq boiſſeaux par arpent. Cet engrais ſera très-bien ſur les terres argilleuſes. On peut auſſi la répandre un peu plus épais ſur les parties des prés que la mouſſe commence à gagner, elle la fait mourir, & en forme un engrais qu'elle anime par sa chaleur naturelle, & fait pousser l'herbe supérieurement.

On peut aussi la répandre, l'automne, sur les pieces de gazon des jardins, ils resteront verds tout l'hyver, & pousseront beaucoup plus d'herbe au printemps.

Des Cendres.

Les cendres qui n'ont point servi à la lessive, & qui ont été conservées à l'abri, répandues, comme nous venons de le dire des suies, feront un aussi bon effet, en en mettant le double; mais cet engrais deviendroit trop cher, à cause des autres usages auxquels elles sont propres.

Celles qui ont été employées à la lessive, ont perdu tous leurs sels, & ne sont bonnes que dans les prés, où elles font beaucoup de bien. Si on est trop éloigné des prés, pour les y conduire chaque fois, on peut les mettre dans la fosse des balayeures, où elles se mêlent avec tout ce qu'on y jette.

Les Laboureurs voisins des blanchisseries, & qui peuvent se procurer des cendres en quantité, doivent avoir une fosse pavée où ils les déposent, les arroser avec les eaux de lessive, de savonnage & les urines : ces arrosemens leur rendront partie de leurs sels, & en feron un très bon engrais pour les terres froides. Six tombereaux par arpent suffiront.

Les cendres de chaux, sans être passées, sont les meilleures de toutes pour les terres froides; il en faut quarante à cinquante boisseaux par arpent.

Celles de tourbe font des merveilles sur toutes

ſortes de prés, ainſi que généralement toutes les eſpeces dont nous avons parlé.

Des Vaſes.

Les vaſes d'étang, de riviere, de marres, de marais, peuvent non-ſeulement ſervir d'un engrais momentané, mais même bonnifier pour long-tems un terrein, dans lequel elles ſeront conduites en quantité, & à propos. Pour leur faire faire l'effet qu'on ſe propoſe, il faut, au ſortir de l'endroit d'où on les tire, les mettre en tas, & obſerver, que ces tas ne ſoient pas aſſez conſidérables pour que la gelée ne puiſſe pas les pénétrer en entier; ou ſi l'on eſt gêné par le terrein, & que l'on ſoit obligé de faire de gros monceaux, il ne faut charroyer dans ſon champ que les parties du tout qui auront été pulvériſées & rendues friables par les météores, au point de produire de l'herbe: ce qui reſte du tas acquiert la même maturité par ſucceſſion de tems. Cent voitures, par arpent, peuvent changer, pour ainſi dire, la nature du terrein ſableux, maigre & appauvri, & le fertiliſer pour nombre d'années. Si l'on ne peut en mettre qu'une quarantaine de voitures, l'effet ſera moins durable, mais toujours très-marqué.

Si on employoit les vaſes dans l'état de peſanteur & d'humidité, où elles ſont naturellement, elles détérioreroient les terres où on les mettroit, & les mottes qui ſe trouveroient enterrées, pourroient ſe retrouver après nombre d'années auſſi caſſes & peſantes, que lorſqu'on les y a miſes.

Des Pelûres de communes.

Si l'on eſt le maître de diſpoſer des gazons des communes, chemins, friches ou autres endroits dans leſquels les beſtiaux paſſent ſouvent ou ſéjournent quelquefois, on ne doit pas manquer de les faire peler & mettre en tas, juſqu'à ce qu'ils aient acquis un peu de maturité; ſi on les laiſſoit ſe pulvériſer abſolument, le crotin que ces gazons renferment & l'urine dont ils ſont imbibés pourroient perdre leur activité, au lieu que tranſporté à propos, il ſera un des meilleurs & des plus durables engrais, ſur-tout ſi l'on a l'attention, & s'il eſt poſſible de le mettre dans un terrein d'une nature différente de celui d'où on l'a tiré.

Des Terres rapportées.

Enfin toutes eſpèces de terres même les plus mauvaiſes, comme le ſable pur & la terre de potier, tranſportées dans un champ, le fertiliſeront. L'effet ſera plus marqué & plus durable ſi la terre tranſportée eſt bonne & d'une nature différente de celle qui la reçoit, c'eſt-à-dire, ſi l'une eſt chaude & l'autre froide.

On demandra pourquoi le tranſport d'une terre de même nature ou de maigreur pareille à celle dans laquelle on la met la fertiliſe? On répondra que cette terre tranſportée a été piochée, pelée, voiturée, toutes opérations qui ont contribué à la diviſer, par conſéquent à la rendre propre à diviſer celle avec laquelle on la mêle, & par-là, ménager aux météores l'entrée dans ſon ſein : ſon effet durera juſqu'à ce qu'elle ſoit incorporée parfaitement avec elle, ce qui tarde quelques années, après quoi elle lui rendra encore ſervice en augmentant ſon fonds.

C'eſt ce qui doit engager tout laboureur à profiter d'un ſecours toujours à ſa portée, & de peu de frais, que nous allons lui indiquer.

Il n'eſt pas poſſible qu'il ne s'amaſſe beaucoup de terre à l'extrémité la plus baſſe du champ où les pluies & la charrue qu'on y cure preſque à chaque tour, y en amenent journellement ; d'où il arrive que la planche tranſverſale qui le termine ſe trouve plus haute que la partie des ſillons qui y aboutit, & dans les hyvers pluvieux, cette partie des ſillons ſe couvre d'eau, ce qui la fait noyer : ſouvent lorſqu'on s'en apperçoit, il n'eſt plus poſſible d'y aborder pour donner des iſſues à l'eau : alors le bled pourrit & la portion la plus graſſe de la piéce ne produit rien. Pour y remédier, tout laboureur attentif, lorſqu'il s'apperçoit de cet inconvénient, doit, dans les temps d'été trop ſecs pour labourer la terre, ou dans les gelées, enlever un pied ou deux de la terre de cette planche, la tranſporter dans les parties de ſon champ qui ſont le plus dégradées ou dans les plus mauvaiſes places ; ou ſi la terre eſt de qualité pareille dans toute ſon étendue, la répandre par-tout. On ne peut pas fixer ce qu'il en faut, il ſuffit de dire qu'on ne peut pas en trop mettre, on peut lever ſur cette planche tranſverſale tout ce qui ſe trouvera de terrein fertile juſqu'à la terre morte ſur laquelle la charrue & les eaux en ameneront bientôt ſuffiſamment pour donner de la nourriture au grain qu'on y femera. Nul engrais plus facile à fe procurer dans un champ de foixante-dix toifes de long : deux chevaux chargés par trois hommes m'ont mené jufqu'à cinquante tombereaux par jour d'été.

De l'Engrais artificiel.

On peut tirer un autre parti de ces terres fuperflues de la planche tranfverfale, en les employant à l'engrais artificiel qui, de tous les amandemens, eft le plus capable de rendre très-bonne une terre auparavant médiocre & même mauvaife, & d'en doubler au moins le produit pour plufieurs années.

Pour y parvenir, au mois de Novembre, faites dans cette planche une couche de terre de neuf pieds de largeur, & d'un pied d'épaiffeur; pour la longueur, proportionnez-la à la quantité de terre que peut vous fournir la planche dans laquelle vous la prenez, & à celle que vous pouvez vous procurer dans le voifinage. Il y aura beaucoup plus d'économie à faire différens amas de terre fur la longueur de votre champ, qu'à vous aftreindre à n'en faire qu'un; alors il faudroit rapporter les terres de trop loin, & après leur maturité, il y auroit plus de chemin à faire pour les placer également dans la piéce.

Faites-donc vos couches de trois à quatre toifes de longueur, de neuf pieds de largeur & d'un pied d'épaiffeur : mettez fur cette terre cinq à fix pouces de fumier fortant de deffous les beftiaux, afin que l'urine, dont il eft imbibé, humecte & rempliffe de fes fels la couche de terre ſur laquelle il eſt dépoſé. Vous le recouvrirez ſur le champ d'un autre pied de terre qui recevra les exhalaiſons & vapeurs que le fumier perd en l'air, lorſqu'on le mèt dans la foſſe: vous remettrez une ſeconde couche de fumier que vous recouvrirez de terre; ainſi vous aurez trois lits de terre qui en envelopperont deux de fumier, en recevront toute l'humidité, les ſels & les exhalaiſons: ils recevront en outre, toute les influences du ſoleil qui concourant avec la chaleur des fumiers pendant l'été, réchauffera & diviſera cette terre au point qu'elle changera, pour ainſi dire, de nature & portera une fécondité étonnante dans le champ même d'où elle a été tirée.

Lorſqu'on aura de nouveaux fumiers à tirer de deſſous les beſtiaux, on recommencera plus loin l'opération, & on proportionnera la longueur de la couche aux fumiers qu'on aura à y mettre: on ceſſera au mois d'Avril; paſſé ce temps, la chaleur pourroit faire deſſécher les fumiers, & il ſera plus à propos de les conſerver dans les foſſes où il eſt aiſé de les arroſer. Il ſera même très-utile de mouiller de temps en temps vos tas d'engrais, ſurtout ſi vous voyez que votre fumier moiſiſſe & pour le faire utilement, s'il eſt peu éloigné de votre ferme, prenez, l'hyver, la glace de vos foſſes à fumier & des réſervoirs où vous faites couler l'urine de vos beſtiaux; faites-la charroyer ſur vos tas qui doivent être très-plats, elle y fondra & y dépoſera une quantité prodigieuſe de ſels qui réchaufferont & fertiliſeront d'autant vos engrais. Vous pouvez auſſi tirer dans votre piéce des raies à la charrue, que vous ferez aboutir à vos tas, & qui y ameneront l'eau dans de petits réservoirs qu'il est très-aisé de pratiquer, & d'où on la jettera facilement dessus.

Si le terrein, que vous voulez amender, est argilleux & froid, vous pouvez ensevelir de la chaux-vive en petite quantité dans l'intérieur de votre premiere & de votre seconde couche de terre, mais il faut faire ensorte qu'elle ne communique point avec le fumier qu'elle brûleroit & dessécheroit; cette chaux donnera un degré de chaleur de plus à votre engrais.

Vos tas ainsi préparés resteront en place jusqu'à la veille des semailles : alors vous les abattrez, en casserez les mottes, mêlerez bien tout ce qui les compose, & en mettrez cinquante tombereaux par arpent, que vous ferez répandre bien également. Si vous en mettez d'avantage, il est incontestable que l'amendement sera plus durable & plus marqué; mais aussi, si par exemple, on triploit, le bled verseroit la premiere année & ne donneroit que de la paille.

J'ai un champ de terre très-argilleuse & froide, non-seulement par sa nature, mais encore par son exposition, qui est en pente au nord, ayant au midi une charmille fort haute qui la prive en partie des rayons du soleil: cette terre, de mémoire d'homme, n'avoit jamais produit quatre-vingt gerbes par arpent, avec la culture & les fumiers ordinaires, encore le bled étoit-il moitié yvraie, droue & laine: je l'ai même vu, une année, ne pas porter trente gerbes que l'on abandonna aux volailles: la mauvaise qualité du grain ne permettant pas d'en faire un autre usage. En 1759, j'y mis par arpent, cinquante voitures de cet engrais, dans lequel il n'étoit entré pour deux arpens, que six voitures de grand fumier sortant de dessous les vaches & chevaux, avec cinq petits tombereaux de matiére fécale sortant de la fosse d'aisance. En 1760, chaque arpent me rendit 300 bonnes gerbes de méteil très-gras. En 1761, je récoltai un orge admirable. En 1762, je fumai très-légerement avec de la colombine, & je fis voiturer par arpent, cinquante tombereaux de terre prise dans le bas de la piéce, où elle arrêtoit l'écoulement des eaux. En 1763, les deux arpens me rendirent 700 gerbes de froment très-beau & très-net. Enfin, en 1766, la piéce fumée encore légerement en colombine, m'a donné 800 gerbes de froment, à la vérité peu grainé. On peut perfectionner encore cet engrais, & lui donner plus d'activité & de durée, en le composant de pelures de communes ou des chemins, de gazons où les bestiaux séjournent ou passent, de curures de fossés secs, où les feuilles se sont consommées, enfin de toutes les terres ou gazons rapportés dans lesquels on reconnoît beaucoup de fertilité, ou bien en n'y faisant entrer que des matieres d'une nature différente de celle de la terre que l'on veut amender : c'est-à-dire, si votre champ est froid, composez votre engrais de terre & de fumiers chauds : s'il est chaud, faites le contraire. Il est plus aisé de s'astreindre à cette régle pour les fumiers que pour les terres, parceque souvent il faudroit les aller chercher au loin, ce qui rendroit cette opération peut-être trop coûteuse. Cependant quelqu'un qui pourroit le faire sans s'incommoder donneroit à son terrein le plus grand

& le plus excellent amendement qu'il soit possible, ses produits pourroient doubler pendant une suite d'années, & l'on seroit bien amplement dédommagé de ses premiers frais.

Je l'ai fait dans des parties de potager d'une terre froide & casse qu'il étoit très-difficile de mettre en culture. J'ai été assez heureux pour trouver à ma portée un sable noir & chaud, qui mêlé avec des fumiers consommés & répandus de l'épaisseur de deux pouces sur mon terrein, l'a divisé & soulagé de façon que l'on peut l'ébêcher, même pendant la pluie, sans être obligé de nettoyer l'outil où la terre ne s'attache plus & me donne les plus belles productions en tout genre de légumes.

De la Marne.

La Marne est un tuf crayonneux & gras, qui, quoique froid par lui-même, devient très-chaud, lorsque tiré du sein de la terre, il est exposé aux météores & mêlée avec la superficie du champ où il a été déposé. Le même champ, qui, froid par la nature de sa terre & quelquefois par son exposition, ne pouvoit que très-difficilement être divisé & mis en culture par de fréquens labours; qui, outre cela, bien fumé, ne pouvoit pas rendre au laboureur ses frais; ce même champ, dis-je, après avoir reçu, par arpent, deux ou trois toises cubes de cette matiere qui paroît infertile par elle même, & qui, étant seule, l'est réellement, labouré & fumé comme il l'étoit ci-devant, devient la terre promise. Ce mélange double son produit pour quinze, vingt & quelquefois trente ans, en diminuant même les frais de culture, la marne divisant

les

les terres de façon qu'elle rend les labours infiniment plus aisés, & telle terre qu'il n'est pas possible de labourer dans les grandes sécheresses, ni dans les tems humides, lorsqu'elle est marnée, laisse ouvrir son sein sans effort & se prête presque sans opposition, aux différentes cultures qu'on veut lui donner.

La Marne ne s'en tient pas là : en doublant votre récolte de froment, elle le garantit presque de la bruine & de l'yvraie : elle rend les épis plus longs & plus pleins, elle grossit le grain & lui donne une qualité supérieure. C'est ce que nous voyons dans les terres de la Brie, dont la plûpart, sans la marne, ne payeroient pas leurs façons.

Cet engrais si précieux est quelquefois cent pieds sous terre, quelquefois presque à découvert : sa couleur n'est point uniforme : il s'en trouve de blanche, de jaune, de rouge, de verte, de bleue, de brune : son essence ne l'est pas davantage : il y en a en pierres, en grumeaux, & en farine : ses qualités varient aussi : telle marne donne un produit marqué la premiere année, telle autre est trois ans & plus, sans faire son effet : deux toises, par arpent, de certaine marne fertiliseront quelquefois beaucoup mieux la terre, que quatre toises d'autres.

L'inégalité de son effet dépend aussi souvent des différentes qualités de la terre où elle est déposée : comme elles varient à l'infini, il n'est pas possible de donner des régles générales sur cet engrais. C'est au Laboureur à étudier l'effet qu'il produit dans les terreins voisins du sien, & à se régler sur l'expérience : s'il est le premier qui marne dans son canton, il doit faire ſes épreuves en petit, & en voir la réuſſite, avant que de faire de grands frais.

Il y a 30 ans que je trouvai à portée d'une de mes piéces de terre, une carriere de tuf blanc mêlé de jaune, qui me parut être de la marne: lorſqu'on y enfonçoit le pic, il en ſortoit une bouillie graſſe & humide, qui me donnoit les plus belles eſpérances; je vis ce tuf ſe diſſoudre dans l'eau, fermenter dans le vinaigre, & petiller dans le feu, enfin je crus avoir trouvé le tréſor des laboureurs, j'agis en conſéquence; au premier hyver, j'en couvris cinq à ſix arpens de terre, j'en fis autant le ſuivant: à la premiere récolte, je ne vis aucune augmentation: j'attendis la ſeconde, qui trompa mes eſpérances ainſi que la troiſiéme, ce qui me prouva que ce n'eſt point à l'inſpection ſeule qu'on connoît la véritable marne, que ce n'eſt qu'à ſes effets, ainſi, je le répéte, ſi on marne le premier, dans un canton, il faut faire ſes épreuves en petit, afin de travailler enſuite en pleine ſûreté.

Il faut obſerver que la marne commune n'exclue pas les engrais ordinaires, & qu'il eſt même de toute néceſſité de fumer les terres qui ont été marnées.

J'ai oui parler de certaines marnes qui ſuffiſoient pour tout engrais, mais je ne les connois pas.

Il eſt auſſi à remarquer que l'effet de la marne eſt momentané, & que lorſqu'au bout de quinze, vingt ou vingt-cinq ans, on s'apperçoit de la diminution des récoltes, qui eſt alors très-ſenſible, on en doit conclure que ſon effet tire à ſa fin & ſe preſſer de recommencer, ſans quoi, la terre appauvrie & effritée par les belles récoltes qu'elle a données, n'étant plus animée ni réchauffée par la marne, ſe trouveroit moins fertile qu'elle n'étoit avant d'avoir reçu ces engrais. On peut comparer ſon effet à celui d'une liqueur forte, qu'un ouvrier auroit pris avant que de ſe mettre au travail : tant que ſa chaleur l'échauffe & l'anime, il eſt plein d'ardeur, & redouble ſes efforts. Lorſque l'effet de la liqueur eſt fini, les bras lui tombent, & il ſe trouve moins en état de travailler qu'il n'étoit avant de l'avoir priſe.

De la Chaux.

Dans les cantons de terre froide, où il ne ſe trouve pas de marne, & où la chaux n'eſt pas d'un prix trop haut, on peut en faire uſage pour réchauffer. Quoique cette matiere mêlée avec le ſable, en réuniſſe toutes les parties, qu'elle en forme un maſtic qui fait corps avec la pierre, & devient auſſi dur qu'elle ; cependant lorſque cette même matiere eſt éteinte ſans eau avec de la terre, elle fait un effet abſolument contraire, diviſant cette même terre & la réduiſant en pouſſiere : lorſqu'elle eſt ainſi diviſée & échauffée, elle reçoit plus aiſément les influences des météores qui la fertiliſent.

Pour cette opération, il faut ſacrifier ſept à huit muids de chaux par arpent, les décharger ſur la planche tranſverſale ſur laquelle nous avons indiqué qu'il falloit faire l'engrais artificiel, après avoir mis en gueret la place dans laquelle on dépoſe la chaux, ramaſſer ſur le champ la terre de cette planche, & l'en bien couvrir ; la laiſſer ainſi pendant quinze jours ou trois ſemaines, veiller exactement ſi la fermentation de la chaux, en s'éteignant, n'occaſionne pas des ouvertures dans la terre qui la recouvre ; s'il s'en fait, les reboucher avec de la terre menue que l'on bat deſſus avec la pelle.

Lorſqu'on ſe ſera aſſuré, en fouillant dans les tas, qu'elle eſt parfaitement calcinée & éteinte, on la remuera, & mêlera le mieux qu'il ſera poſſible, le tout ſans oublier la terre qui étoit ſous la chaux : on le changera de place, & on le recouvrira, comme la premiere fois, de nouvelle terre, on laiſſera les tas en cet état juſqu'à la ſemaille.

Je conſeille, pour plus grande commodité, après avoir démoli, pour la premiere fois, ſon tas, de le partager en deux, que l'on mettra l'un à droite, & l'autre à gauche, toujours ſur la planche tranſverſale : par ce moyen, on ſe procurera plus aiſément la terre néceſſaire pour recouvrir une ſeconde fois ce mélange.

Lors de la ſemaille, on démolira une ſeconde fois ces tas : s'il y a encore quelques mottes, on les pulvériſera, on charriera le tout dans le champ, en obſervant de ramaſſer toute la terre qui étoit en culture deſſous les tas. On répandra ce mélange le plus également qu'il ſera poſſible ; on ſemera & labourera tout de ſuite, crainte que la chaux ne s'évapore.

Cet engrais ne diſpenſe pas des fumiers : il diſſoud & réchauffe les terres froides & compactes : il fait germer le bled, il empêche les mauvaiſes herbes, & fait un très-bon effet qui dure pluſieurs années : mais c'eſt un amendement coûteux, & qui, lorſque ſon effet eſt paſſé, laiſſe la terre dans un état d'appauvriſſement.

Des Décombres de Fours à Chaux.

Tout ce qui nuit & embarraſſe autour d'un four à chaux, comme les terres de décombres, les parties de craie trop petites pour être miſes dans le four, les pouſſieres de cette même craie, celles de la chaux & de la braiſe, les cendres, les feuilles tombées des fagots, le bois pourri : toutes ces matieres mêlées enſemble, & voiturées dans une terre froide, y font un très-bon effet. Cinquante ou ſoixante tombereaux par arpent diſpenſeroient de fumier, & donneroient de très-belles récoltes.

De l'Ecobuage.

La grande utilité de cette opération eſt lorſqu'on veut établir une ferme au milieu de friches couvertes de bruyeres, genêts, genièvres & autres arbuſtes qui en rendent la culture à la charrue trop difficile, outre que, dans ces circonſtances, on manque de pailles pour nourrir les beſtiaux & faire des fumiers auxquels on peut ſuppléer par cet engrais.

Il faut d'abord ſuppoſer une terre douce, dans laquelle il ne ſe trouve point de pierres qui feroient un trop grand obſtacle à l'écobuage : ceci ſuppoſé, pour commencer l'opération, il faut, au printemps, lorſque la terre eſt encore aſſez humide pour être travaillée, lever tous les gazons qui la couvrent, avec les arbustes qui y tiennent. L'épaisseur des gazons doit être réglée par la profondeur des racines de l'herbe qui est environ de deux pouces; il faut les laisser sécher jusqu'au mois d'Août, en faire alors des fourneaux, en observant de mettre l'herbe en dessous, remplir ces fourneaux de bruyeres, & d'arbustes secs, y mettre le feu, l'entretenir jusqu'à ce que tout ce qu'il y a de combustible soit consumé, ne démolir & ne répandre ces fourneaux que dans l'instant où l'on veut semer, crainte que les sels des cendres ne s'évaporent: la pluie, sur-tout, feroit perdre en partie le fruit du travail.

Je ne m'étendrai pas d'avantage sur cette façon de défricher & d'améliorer les terres. M. le Marquis de Turbilly qui l'a remise en honneur, a épuisé cette matiere dans son excellent mémoire sur les défrichemens: on peut y avoir recours. J'observerai seulement que cette opération ne se fait pas par-tout à aussi bon compte qu'en Anjou, où les ouvriers ne sont pas chers.

Du Défoncement des Terres.

C'est une chose reconnue par tous les grands Cultivateurs, que le défoncement des terres est une opération des plus utiles & des plus fructueuses de l'agriculture, mais comme elle cause de grands frais, on la pratique peu pour les terres à bled: cependant elle pourroit les fertiliser singuliérement, & ne seroit pas ruineuse.

Si votre terrein est doux & a du fonds, après la semaille des bleds, lorsque la terre est suffisamment trempée sans être trop humide, faites labourer votre champ trois ou quatre pouces plus avant qu'on n'a coutume, & ce avec une charrue faite exprès & fortement attelée : vous tirerez une terre neuve qui n'a point été épuifée par les productions : elle recevra, pendant l'hyver, les pluies & les neiges, elle fera divifée par les gélées ; labourez-la une feconde fois, dans le tems fombre, elle fe mêlera avec celle qui étoit anciennement en culture, fumez-la plus qu'à l'ordinaire : la premiere récolte fera paffable ; mais celles qui fuivront vous dédommageront amplement de vos frais, votre champ ayant acquis par cette opération beaucoup de fonds, & vos terres neuves ayant été fertilifées par les météores & par les engrais.

Si, après le défoncement, on laiffoit la terre dix-huit mois fans la cultiver, elle auroit le tems de fe mûrir, & l'on jouiroit, dès-la premiere récolte, de tout le fruit de fon travail.

Le moyen le plus certain de multiplier les engrais, & de tirer un grand parti de fes fermes, c'eft d'avoir de nombreux troupeaux : dans beaucoup de cantons où les prés & pâturages font rares, on peut avoir recours aux prairies artificielles, qui nous préfentent un fecours que tout le monde peut fe procurer, & fur lequel on trouve par-tout des documens.

Plufieurs Auteurs avancent que les excrémens des animaux qui fe nourriffent de chair font les meilleurs & les premiers de tous les engrais, que ceux des beftiaux qui vivent de grain les fuivent, & que les moindres de tous font ceux du bétail nourri d'herbes & de pailles : l'expérience nous prouve que ce n'eft pas une régle générale, il eſt vrai que la ſtercoration humaine eſt le plus chaud & le plus vif des engrais, mais celle des animaux qui ſe nourriſſent de chair, comme les chiens, les chats, les bêtes puantes, les canards, &c. eſt de la plus mauvaiſe qualité : d'un autre côté, les chevaux & les porcs ſont, de tous les animaux ceux qui mangent le plus de grain, & il eſt notoire que leur fumier eſt bien inférieur à celui de mouton, qui n'en mange que ce qu'il peut glaner après la moiſſon.

Je crois devoir dire ici que toutes les peines que nous nous donnerons pour engraiſſer & amender nos terres, pourront devenir inutiles ſi ces terres ſont ſituées en pente, & par-là ſujettes à être ravinées & entraînées par les averſes : il n'y a d'autre remede à cet inconvénient, que de les entourer de foſſés & de haies, alors chaque piéce ne recevra que l'eau qui tombera perpendiculairement ſur ſa ſuperficie : cette eau l'arroſera, pénétrera dans ſon ſein, l'humectera, & le fertiliſera. Ses foſſés de clôture recevront celle du voiſinage, qui, ſi elle entroit dans l'enclos, y cauſeroit de grands ravages, outre qu'elle entraîneroit tous les engrais. En les retenant par ce moyen, ils feront tout leur effet, & rempliront l'attente du Cultivateur.

Reconnoiſſons avec M. Pluche, dans cette multitude d'engrais la ſageſſe & la bienfaiſance de l'Auteur de la nature, qui nous préſente tant d'alimens & de ſecours pour ranimer & rétablir les forces de la terre, notre mere-nourrice, & qui nous oblige ; en même tems de purger nos habitations de mille matieres infectes qui en corromperoient l'air.

MÉMOIRE

Sur l'Exploitation d'une Ferme.

NOus avons dit, en parlant des engrais, que le moyen le plus certain de les multiplier, & de tirer un grand parti de ſes fermes, étoit d'avoir de nombreux troupeaux, & que l'on trouvoit, pour les nourrir, dans les prairies artificielles, un ſecours aiſé à ſe procurer. Si donc on habite un pays où les prés & les pâturages ſoient rares, il faut ſacrifier à ces prairies, une partie de ſa ferme; mais il faut tâcher, en même-temps, que cette portion de terre dont vous diminuez votre labourage ne diminue pas la récolte des grains: on ne peut y parvenir que par des engrais multipliés, & une culture bien entendue: nous eſpérons en enſeigner les moyens.

Nous ſuppoſons que votre ferme contient 80 arpens de terre; pour peu qu'il s'y rencontre de pente, il faut couper votre terrein de 10 en 10 arpens, par des foſſés & des haies-vives, que l'on aura ſoin de tondre pour les reſſerrer & les fortifier. Ces précautions ſont très-néceſſaires pour empêcher l'entraînement des terres, & pour garantir des beſtiaux les portions que l'on mettra ſucceſſivement en prés artificiels.

Si votre terrein eſt dans une plaine unie, vous pouvez faire vos enclos de 20 arpens au-lieu de 10.

Si vous faites vos enclos de 10 arpens,

vous en aurez huit dont deux ſeront en jacheres, deux en bled, deux en menus grains & deux en prés artificiels.

Nous allons ſuivre la culture de ces quatre différens états, par leſquels la terre doit paſſer ſucceſſivement.

Et pour commencer par celui qu'on nomme jacheres, (c'eſt-à-dire, par les deux enclos qu'on prépare à recevoir la ſemence des bleds,) apportez toute l'attention poſſible à ce que les trois labours qui doivent précéder la ſemaille des bleds ſoient donnés à propos. Si votre terre eſt argilleuſe, ne la travaillez pas par l'humidité; les façons que vous lui donneriez alors, lui feroient, en la maſtiquant, un tort que les ſuivantes ne pourroient peut-être pas réparer.

Si l'année eſt ſéche, votre gueret pourra être motteux, alors il ne faudra pas manquer, à la premiere pluie, de le herſer en travers avec une herſe à dents de fer, attellée de deux chevaux, & même la charger, s'il eſt néceſſaire: elle pulveriſera vos mottes, & unira vos guerets. Cette opération ſera encore très-utile, lorſque vous aurez labouré votre champ, s'il étoit couvert de beaucoup d'herbes; ſurtout de celle qu'on nomme traînaſſe: quelque bien retournée que ſoit votre terre, il en paroîtra toujours beaucoup qui reprendra facilement, & vous fera perdre votre façon, la herſe l'entraînera aux rives, où l'on pourra la faire ſécher & la brûler; les cendres feront un engrais.

Si votre terrein eſt diſpoſé de façon que vous puiſſiez donner votre troiſiéme labour en travers, la terre ſera mieux maniée, les parties qui avoient été manquées aux façons précédentes ſeront repriſes, tout ſera en guéret, & lors de la ſemaille, le bled ſe répandra bien plus également : ſi votre terre eſt trop étroite, pour pouvoir changer le ſens de votre labour, herſez en travers, cette façon produira, à peu-près, le même effet. Si, avant ce troiſiéme labour, vous avez des fumiers parfaitement mûrs, qui ſoient dans le cas de ſe diminuer trop conſidérablement en les laiſſant dans la cour, vous pouvez les répandre ſur le ſecond labour, & les enterrer en donnant le troiſiéme, mais il ne faudra pas herſer les parties dans leſquelles on l'aura mis, la herſe le mettroit à découvert, alors il ſe deſſecheroit & perderoit ſa force.

C'eſt ſur ce labour qu'on doit répandre l'engrais artificiel, ſi on en a de préparé, & les fumiers les plus mûrs de vos foſſes : eſpacez vos fumereaux le plus également poſſible, à moins que vous ne connoiſſiez quelque partie de terrein plus maigre où il faut forcer d'engrais : émingrez, s'il eſt néceſſaire, votre fumier à la main. Le nombre de voitures, par arpent, ne peut pas ſe fixer : il dépend de la bonté du fumier, & de la qualité de la terre : évitez d'en employer ſortant de deſſous les beſtiaux, les ſemences des herbes leveroient, & la longueur de la paille, qui ſeroit preſque en ſon entier, gêneroit les labours.

Il faut tâcher, tous les automnes, de faire de nouveaux tas d'engrais artificiels, afin que, s'il eſt poſſible, toute votre ferme en ſoit amandée au bout de neuf ans.

Attendez toujours pour ſemer votre champ, que les graines d'herbes, qui y ſont répandues, ſoient levées, ou au moins germées ; ſans cette précaution elles leveroient avec le bled, prendroient sa subsistance, & pourroient même l'étouffer.

Lors de la semaille, si, le matin, en entamant la terre, vous en voyez sortir une espece de fumée ou brouillard, il faut absolument dételler, & aller à d'autres ouvrages : j'ai toujours remarqué, ainsi que les anciens Laboureurs, que le bled que l'on seme alors manque en tout ou en partie ; j'en ignore la raison physique.

On ne peut pas désigner bien au juste, le tems des semailles, on dira seulement que les terres chaudes, qui rapportent du seigle ou du méteil, veulent être prises les premieres, les froides les dernieres : communément le tems de la vendange est le plus favorable, mais en général, chacun doit s'appliquer particuliérement à connoître ce que son terrein demande.

Si vos terres sont sujettes à noyer, en finissant la semaille de chaque piece, coupez-la par des raies diagonales, qui conduisent les eaux dans les fossés de clôture, & si, malgré cette précaution, vous en voyez qui séjournent dans quelque canton, donnez-lui une issue, sans quoi les bleds noyés périront.

Si, au mois de Mars, vous voyez quelques places de bled foibles, couvrez-les avec la colombine d'hyver, les cendres, les suies, & autres engrais que nous avons indiqués propres à cet usage, pour peu qu'il y ait de bled dans ces parties, il tallera & se raccommodera.

Il pourra arriver, au mois d'Avril, que les parties de vos fromens, qui seront dans les meilleurs fonds, ou qui auront reçu plus d'engrais, pousseront trop fort, & menaceront de verser : il faut alors les épamper, c'est-à-dire, en couper la feuille à une certaine diſtance de la terre, & ne pas attendre, pour cette opération, que le tuyau ſoit noué.

On ne parlera pas des différentes préparations des ſemences. La plûpart des Laboureurs les regardent comme des préſervatifs contre la nielle : je les ai preſque toutes trouvées inutiles: le plus ſûr eſt de ne ſemer, s'il eſt poſſible, que du grain crû dans un ſol d'une nature différente. Il eſt cependant à propos de charer le froment. Cette opération accélere la germination & la levée.

L'inſtant d'après la moiſſon du bled, vous choiſirez la partie de votre ſol la plus graſſe & la mieux amendée ; après en avoir brûlé le chaume & l'avoir labouré, vous y paſſerez la herſe pour la rendre plus meuble, vous y ſemerez de la graine de turneps ou de gros navets, que vous aurez fait tremper douze ou quinze heures dans de l'urine, & la recouvrirez en la herſant légerement. Une couple d'arpens de ces navets vous feront d'un grand ſecours pour nourrir & engraiſſer vos beſtiaux pendant l'hiver, & cette récolte nuira peu aux menus grains que vous ſemerez au printemps ſuivant.

Après la ſemaille des bleds, ou même avant, ſi vous le pouvez, ne manquez pas de retourner vos chaumes, afin, en les enterrant, de fournir un nouvel engrais & un ſoulagement à votre terre. Si même vous les brûlez & labourez ſur le champ, crainte que la cendre ne s'envole, vous donnerez à votre guéret des ſels qui le fertiliſeront infiniment.

Au mois de Février ou de Mars, quand la terre ſera en état d'être labourée, remettez-y la charrue pour les menus grains : obſervez de mettre l'orge dans la partie qui aura été amandée par l'engrais artificiel, plutôt que dans celles qui n'auront été que fumées, ce grain demandant plus de graisse que les autres.

Je ne m'étendrai pas davantage sur le labourage, le choix des semences propres aux différens terreins, & la saison de les répandre. Chaque canton a ses usages, qui, communément sont fondés sur l'expérience.

Voilà notre terre passée par trois différens états, en trois années consécutives ; la premiere appellée l'année des jacheres ; elle a été cultivée & amandée. La seconde, elle a produit du bled. La troisiéme, des menus grains ; il s'agit de la faire passer par un quatriéme état peu connu jusqu'à présent de nos Cultivateurs, c'est-à-dire, de la mettre en près artificiels.

Nous connoissons trois principales especes d'herbes propres à former des prés.

La luzerne, qui demande une terre grasse, ayant beaucoup de fonds, & dans laquelle l'eau ne séjourne jamais ni sur sa superficie, ni entre deux terres, elle dure jusqu'à douze ans dans les lieux où elle se plaît, & se coupe trois fois l'année.

Le sain-foin qui demande aussi du fonds, qui ne haït point la terre légere & pierreuse, ni montueuse, qui aime les expositions chaudes, & craint beaucoup l'humidité : il dure neuf à dix ans, & se fauche deux fois, si l'été est pluvieux.

Le trefle d'Hollande qui aime une terre grasse, craint moins l'humidité que les deux autres, ne dure que trois ans, & se coupe trois fois l'année.

D'après cet expoſé, ou même après quelques légeres épreuves, tout Cultivateur ſçaura à laquelle de ces trois différentes eſpeces d'herbes ſon terrein eſt propre. Il peut avoir, dans l'étendue de ſa ferme, des cantons qui conviennent à l'une de ces productions, d'autres à une autre : c'eſt à lui à ſe mettre au fait de la qualité de ſon ſol.

Ceci poſé, après la récolte du bled, il donnera, comme nous l'avons dit, un bon labour aux enclos qu'il deſtinera à ces herbes : ſi le tout n'a pas été amandé avec l'engrais artificiel, il y ſuppplera pendant l'hyver, en y voiturant tous les engrais, ou même toutes les terres d'une bonne qualité qu'il pourra ſe procurer. Au printemps ; il donnera un ſecond labour, lorſque la terre ſera parfaitement meuble. S'il a une charrue à labourer à plat, il s'en ſervira ; s'il n'en a qu'à verſoir, il fera ſes planches les plus larges qu'il pourra, afin qu'il ſe trouve moins de raies ; il ſemera ſon avoine ou ſon orge moitié moins forte qu'à l'ordinaire, la herſera en travers : il ſemera enſuite ſa graine de ſain-foin, trefle ou luzerne, s'il eſt poſſible, par un tems bas qui paroiſſe promettre une pluie prochaine : il herſera une ſeconde fois légerement.

S'il ſeme du trefle, il fera une récolte à la fin de ſeptembre. Pour un arpent, meſure de Paris, de trefle ou de luzerne, il faut vingt livres peſant de graine.

Pour un de ſain-foin, il faut un ſeptier de Paris.

Si vous voulez jouir plutôt du ſain-foin qui n'eſt en plein rapport que la troiſiéme année, & ſi votre terre n'eſt ni trop ſéche, ni trop graveleuſe, vous pouvez ſemer huit à dix livres de graine de trefle par arpent, vous ferez des récoltes passables les deux premieres années: à la troisiéme, votre trefle mourra, & le sain-foin sera dans toute sa force.

Le trefle qui sera semé seul ne durera, comme nous l'avons dit, que trois ans; on pourra, au lieu de faucher la derniere recolte, y mettre les bestiaux qui s'y engaisseront fort vîte: au printemps suivant, on labourera la terre, & on y semera du menu grain.

Lorsque votre sain-foin aura trois ans, si l'automne est sec, au lieu de faucher le regain, mettez-y vos bœufs & vos vaches, qui s'y engraisseront promptement: avant ce tems, il n'y faut pas mettre de bestiaux, leurs pieds feroient périr l'herbe qui est encore trop foible: il n'y faut jamais laisser entrer de bêtes à laine, que lorsqu'on veut le détruire. Dans ce cas, au printems, mettez le double de chevaux à une forte charrue, & labourez votre pré par un tems humide, tâchez que votre gazon soit parfaitement bien retourné. Semez vos menus grains & hersez: il n'y faut point mettre d'orge, ce grain demandant une terre bien meuble. La vesce est préférable à tout autre grain: 1°. Parce qu'elle mûrit mieux la terre; 2°. parce que, comme en rompant vos prés, vous diminuez vos fourrages, la vesce peut vous en tenir lieu; vous pouvez aussi y mettre des lupins dont le fourrage & les pois sont très-bons aux chevaux, & ne leur cause point de tranchées comme celui des autres pois.

Tant que vous voudrez conserver votre luzerne, il faut n'y laisser entrer aucune espece de bestiaux, ils mangeroient la couronne de l'herbe & la feroient périr.

Lorsque

Lorsque vous voudrez la détruire, mettez-y les bestiaux, pendant l'été, & après la semaille des bleds, labourez-la avec une charrue fortement attelée, retournez la terre le mieux que vous pourrez, faites-y passer pendant l'hyver très-souvent les bêtes à laine, elles affermiront le guéret & lui feront prendre consistance. Au printems, relabourez en travers, avec autant de force que la premiere fois; faites-y passer la herse de fer, elle tirera beaucoup de racines qui sont très-fortes & très-longues, & que l'on peut faire brûler dans le champ lorsqu'elles seront seches : vous y semerez ensuite l'espece de mars que vous jugerez à propos.

Il ne faut pas manquer de faire un nouveau semis d'herbes, lorsqu'on s'appercevra que les anciens commenceront à dégénérer, afin que la ferme en soit toujours abondamment fournie.

On pourroit objecter que mettant le quart de vos terres en prés artificiels, vous recolterez moins de grain : je réponds que ces prés nourrissant beaucoup de bestiaux, vous aurez beaucoup plus d'engrais, qui, répandus sur vos champs & soutenus par les terres que vous y mêlerez, leur feront porter au moins un tiers en sus du grain qu'ils auroient rendu sans ces secours : ainsi votre recolte sera toujours aussi forte, & souvent beaucoup plus considérable. D'ailleurs, on ne sçait pas jusqu'où l'engrais artificiel que je propose, fait avec attention, répeté plusieurs fois, & accompagné d'une culture bien entendue, peut porter le produit des terres. M. *Patullo* atteste qu'en 1742, le sieur *Yelverton* prouva avoir recueilli dans un acre de terre qui est plus petit d'un seizieme que notre arpent commun, 39 septiers de froment, melure de Paris, & avoir, pour cette prodigieuſe recolte, remporté le prix d'Agriculture établi à Dublin.

M. *de Turbilly* aſſure avoir recolté & compté lui-même 1440 grains de ſegle dans un épi produit par un ſeul grain que le hazard avoit fait tomber dans une fourmilliere morte depuis quelques années.

Ces deux étonnantes productions doivent bien encourager le Cultivateur, & montrent à quel point les produits de la terre peuvent être portés.

Vous ferez en outre, un profit très-conſidérable ſur le grand nombre de beſtiaux de toute eſpece, que les prés artificiels vous mettront à portée de nourrir.

Vous pourrez avoir plus de chevaux que la culture de votre ferme n'en exige, alors vous ſerez plus le maître de donner vos labours à propos, & lorſqu'ils ſeront faits, ſi vous êtes à portée des charrois, vous pourrez y occuper vos chevaux.

Veus pouvez encore avoir un nombre de jumens poulinieres : quand l'ouvrage preſſera, vous les employerez toutes ; dans d'autres tems vous les ménagerez & les laiſſerez en liberté d'élever leurs poulains dont vous tirerez parti.

Vous ſerez encore le maître d'acheter de jeunes poulains : d'en mettre le double à votre charrue, afin de les ménager en les dreſſant, vous les revendrez enſuite lorſqu'ils ſeront en état de l'être avec avantage.

Si vous voulez vous ſervir de bœufs pour votre labourage, ils dédommagent de leur pareſſe par mille avantages. On peut ne les point acheter, & les élever chez ſoi, les revendre fort cher, après en avoir tiré de grands services ; ils n'occasionnent aucuns frais de Maréchal ni de Bourrelier, & mettent le Laboureur dans le cas de vendre son avoine : & comme on emploie les bœufs en plus grand nombre que les chevaux, ils augmentent d'autant vos fumiers.

Tous ces différens bestiaux que les prés artificiels vous mettent en état de nourrir, vous produisent beaucoup d'engrais, qui bien économisés, fertiliseront infiniment vos terres. Sans parler des moutons dont les fumiers, ou déposés dans le parc, ou façonnés dans les fosses, sont si précieux, & qui, ainsi que les bœufs, étant nourris soit au verd, soit au sec, de ces herbes plus succulentes que toutes les autres, vous donneront par leur graisses des profits considérables.

MÉMOIRE

sur la Plantation des Bois.

AVANT que d'entrer en matiere sur la plantation des Bois, il est à propos d'exposer succintement la marche de la nature dans la génération des plantes, & la circulation de la seve.

De la génération des Plantes.

L'Auteur de la Nature, en créant les animaux & les végétaux, mit en eux les mêmes moyens de se reproduire, c'est-à-dire qu'il donna à toutes les especes la semence mâle & la graine femelle, & cette vérité, en ce qui regarde les plantes qui, depuis Ariftote, étoit reftée dans l'oubli, femble n'avoir été retrouvellée que de nos jours. Elle eft maintenant portée jufqu'à la démonftration.

Dans l'efpece des animaux, il y a le mâle & la femelle, dont les approches operent la génération : il y en a auffi d'hermaphrodite, qui portent en eux les deux fexes. Notre objet n'eft pas de développer les différens procédés qui contribuent à la génération des animaux.

Dans l'efpece des végétaux, comme ils n'ont pas la faculté de changer de place, la plus grande partie font hermaphrodites, & la même fleur produit la graine mâle & la graine femelle, mais diftinctes l'une de l'autre. Le vafe qui renferme la graine femelle, & que l'on peut appeller matrice ou ovaire, eft communément ouvert & placé proche des filets qui font chargés de pouffieres ou graines mâles, afin que lorfqu'elles font parvenues à leur maturité, il en tombe au moins partie fur ce vafe, qu'elle y entre par les petites ouvertures qui s'y rencontrent & féconde la graine femelle.

La fleur du lys connue de tout le monde, & dont les parties qui fervent à la génération font grandes & développées, eft plus propre qu'aucune autre à faire concevoir cette opération de la nature par laquelle les végétaux fe reproduifent.

Cette fleur eft compofée de fix feuilles ou pétales placées à l'extrémité de la tige : ces feuilles qui ne paroiffent deftinées qu'à orner nos jardins, font néanmoins principalement deftinées à garantir des injures de l'air les parties de la génération de la plante.

La matrice placée au milieu de la fleur, eft

compoſée de ſix petits ovaires qui forment une eſpece de bulbe diviſée dans l'intérieur par de foibles cartilages, qui renferment de petits œufs ou principes de graines, tels que ceux que l'on trouve dans les ovaires des animaux femelles; mais ces œufs deviendroient inutiles, s'ils n'étoient fecondés par la ſemence mâle de la même plante ou d'une voiſine de pareille eſpece.

Pour recevoir & retenir cette ſemence le piſtile ou tuyau qui ſurmonte l'ovaire eſt hériſſé de pointes ou de houppes, enduit d'un ſuc viſqueux, & percé de petits trous.

Les pointes, les houppes & le ſuc viſqueux arrêtent les grains de pouſſiere, & les ouvertures en facilitent le paſſage juſqu'à la graine femelle : ou bien ſi les paſſages dans le piſtile ſont trop étroits pour admettre les grains de pouſſiere, il faut croire que ces petits grains ſont eux-mêmes des enveloppes de cire qui contiennent & laiſſent échapper une ſemence encore plus fine.

Le piſtile eſt entouré de ſix petites colomnes ou filets que l'on nomme *étamines* qui s'élevent environ à moitié de ſa hauteur : elles ſoutiennent les ſommets qui ſont des eſpeces de petites houppes creuſes, remplies d'une menue pouſſiere réſineuſe, dont tous les grains ſont d'une régularité parfaite, & lorſqu'ils ſont mûrs, au moyen de ce que la fleur eſt inclinée, tombent ſur le bout du piſtile, d'où ils s'inſinuent dans l'ovaire de la façon que nous avons dit ci-deſſus.

Cette opération faite, les parties mâles, ainſi que les feuilles tombent, & le tuyau ou piſtile qui conduit à la matrice commence à ſe faner.

Il en eſt de même de tous les végétaux où

le vase qui contient la graine femelle est placé & ouvert de façon à pouvoir recevoir la graîne mâle, & opérer par-là le grand ouvrage de la génération.

Il y a à la vérité, de la différence dans les procédés. Nous avons dit que la plus grande partie des végétaux, portoit des fleurs hermaphrodites, d'autres portent sur la même plante des fleurs mâles & des fleurs femelles, distinctes & séparés les unes des autres, tels que les melons, concombres, potirons & autres. La fleur mâle n'a point de pistile ni de principe de fruit; la fleur femelle à un pistile au-dedans de ses feuilles, & le principe du fruit paroît toujours dessous la fleur, même avant qu'elle s'épanouisse.

Tous les arbres qui portent des chatons, sont dans le même cas, tels que les chênes, noyers, châtaigniers, noisetiers, pins, cyprès, trembles & autres : il sort de leurs chatons des poussieres, qui s'insinuant dans le fruit qui paroît en même-tems, y portent la fécondité.

La preuve en est que si l'on coupe exactement toutes les fleurs mâles ou chatons avant la maturité de leurs poussieres, l'arbre ni la plante ne produiront certainement aucun fruit ni graine.

Il en sera de même des arbres & plantes hermaphrodites; si l'on en coupe les étamines avant la maturité des poussieres, ils ne produiront ni fruits ni graines, à moins qu'ils ne se trouvent dans le voisinage de quelqu'autre plante de la même espece, qui puisse par le moyen du vent, lui communiquer sa farine fécondante.

Il est aisé de se convaincre de cette vérité, en faisant ces retranchemens.

Si cette farine fécondante est portée des étamines d'une plante dans le pistile d'une autre de la même eſpece, mais de couleur différente, elle y opérera des variétés ; c'eſt ce qui arrive lorſqu'on a des planches de tulipes, d'oreilles d'ours, de ſemidoubles & autres qui ſe communiquent leurs ſemences mâles : les grâines qu'on en retire produiſent des nouveautés & des variétés à l'infini.

Il en eſt de même des arbres : leurs fruits ſont ſouvent bonnifiés ou altérés par les pouſſieres des arbres de même eſpece, qui ſe trouvent à leur portée. *Bradley* prétend avoir vû ce mêlange des ſemences produire des nouveautés monſtrueuſes à la vérité, puiſqu'ainſi que nos mulets, elles ne peuvent pas ſe réproduire par la graine, mais faiſant des plantes agréables & inconnues juſqu'alors ; il parle entr'autres d'une fleur qui n'étoit ni attrape-mouche ni œillet carné, mais qui participoit également de ces deux eſpeces, & qui avoit été produite d'une graine femelle d'œillet carné fécondée par la pouſſiere d'un attrape-mouche.

Il y a des plantes qui ne donnent point de fleurs, & dont tous les pepins qui ſont renfermés dans le fruit, ſont accompagnés de leurs pouſſieres, ſous une enveloppe commune : le figuier eſt de cette eſpece.

D'autres arbres & plantes portent les fleurs femelles ſur un pied, & les mâles ſur un autre : de cette eſpece ſont le palmier, le piſtachier, le lentiſque, l'épinard, l'ortie, le chanvre & autres. Ces plantes venant communément en maſſifs, & par conſéquent fort près les unes des autres, il eſt aiſé à la graine mâle de tomber ſur la graine femelle, mais pour les arbres, il faut avoir l'attention de planter les deux ſexes très-près les uns des autres, afin de faciliter la communication des ſemences, ſi on veut avoir du fruit.

De nos jours, le Roi de Pruſſe avoit depuis long-tems, dans ſes jardins, un ſeul palmier femelle qui n'avoit jamais porté de fruit : on ſçut qu'il y avoit à Leipſick un palmier mâle. Dans le temps de la maturité des pouſſieres, on en coupa des branches qui furent tranſportées avec ſoin à Berlin, qui en eſt éloignée de 40 lieues. On ſecoua ces branches ſur les fleurs du Palmier femelle, qui en furent fécondées de façon qu'elles produiſirent du fruit. Après ſa maturité on en ſema les noyaux : ils leverent, & produiſirent de jeunes palmiers.

Ce fait eſt atteſté dans les papiers publics.

D'autres arbres enfin, comme pluſieurs eſpèces de ſaules, changent de ſexe tous les ans une année ne produiſant que des fleurs mâles, & la ſuivante, que des fleurs femelles, qui ſont fecondées par les fleurs mâles que le hasard produit ſur les arbres de même eſpèce qui ſe trouvent dans leur voiſinage.

Il faut remarquer ici que c'eſt par ignorance que les gens de la campagne ont donné le nom de mâle à la plante femelle de la cheneviere qui porte la graine, parce que le chanvre qu'on en retire eſt plus fort, & qu'ils nomment femelle celle qui produit les pouſſieres, & dont la filaſſe eſt plus fine & plus délicate.

Les procédés de la génération varient beaucoup dans la multitude d'arbres & de plantes que nous poſſédons. Ils ne doivent pas, pour cela, nous ſurprendre ni nous paroître impoſſibles, il ſe rencontre dans la production de certains animaux des difficultés plus grandes à reſoudre : cependant il eſt certain que la marche de la génération eſt eſſentiellement la même dans tous.

L'Auteur des *recherches ſur l'origine des découvertes attribuées aux modernes*, rapporte qu'Ariſtote dit que ſi l'on ſecouoit la pouſſiere d'un rameau de palmier mâle ſur un palmier femelle, les fruits de celui-ci muriſſoient auſſitôt, & qu'il arrivoit, lorſque le vent portoit cette pouſſiere du palmier mâle ſur le palmier femelle, que les fruits de ce dernier mûriſſoient, comme ſi on eut ſuſpendu le rameau mâle ſur la femelle.

Sur la fin du dernier ſiécle, un Gentilhomme Anglois nommé *Rober Balle*, Membre de la Société Royale de Londres, remit au jour cette vérité, qui avoit été totalement oubliée : elle a depuis été développée & traitée avec plus d'étendue par Samuel Moreland, Membre de la même Société, qui nous a appris, en 1703, dans les tranſactions philoſophiques, de quelle maniere la ſemence mâle des fleurs eſt portée dans la matrice des plantes, pour y féconder les graines qu'elle renferme. Et après lui, différens Auteurs ont porté la choſe juſqu'à la démonſtration par pluſieurs expériences.

De la Circulation de la Séve.

Les racines des arbres ſont de nature ſpongieuſe : elles pompent dans les ſels de la terre qui leur ſont analogues, la ſéve qui monte au printemps, en vapeur, juſqu'aux bourgeons par les canaux intérieurs de l'arbre, ſe mêle, en y paſſant avec la liqueur du vaſe propre, en acquiert partie des propriétés, les perfectionne en entrant dans les feuilles qui reſpirent l'air & s'abreuvent de la roſée : alors la fraîcheur épaiſſit cette vapeur, & en forme une liqueur qui deſcend & remonte continuellement après s'être impregnée des qualités diſtinctives de l'arbre qui nous font remarquer dans certaines ſéves, une odeur aromatique, dans d'autres, une vineuſe, dans d'autres, une fétide, ainſi du reſte.

Ce que cette liqueur a de plus ſubtile ſert au développement & à la nourriture des fleurs & des fruits formés, dès-l'année précédente, dans les bourgeons : une partie moins ſubtile ſe charge de l'entretien des feuilles & des branches, le reſte plus groſſier ſe joint à la vieille ſéve qui a été engourdie tout l'hyver, dans l'arbre, & que la chaleur du printemps met en fuſion : réunies enſemble, elles montent & deſcendent entre l'écorce & le bois, fourniſſent à ſon accroiſſement annuel en groſſeur en gonflant & groſſiſſant le lit le plus intérieur de l'écorce, qui, par cette opération, forme le nouveau cercle de bois que l'arbre acquiert chaque année, & qui joint à ceux des années précédentes, compoſe le corps de l'arbre.

Ces diverſes cercles annuels d'acroiſſement ſont très-aiſés à reconnoître, & à compter dans certaines plantes : après que l'arbre a été coupé horizontalement, ils nous indiquent combien il a d'années, en ajoutant à leur nombre, trois ans pour le cœur, & trois pour l'écorce.

Ils nous font voir encore, en les examinant attentivement, & même dans certaines plantes, ſans le ſecours de la loupe, que les arbres ſont formés d'un aſſemblage de vaiſſeaux deſtinés à charroyer la ſéve du haut en bas, & du bas en haut, & que ces même vaiſſeaux communiquent à beaucoup d'autres, qui les traverſent dans un ſens horizontal.

La ſéve ſemble reſter engourdie quelques jours, pendant les plus grandes chaleurs de l'été, après quoi elle eſt miſe en mouvement par des pluies ou roſées qui font partir celle qu'on nomme la ſéve d'Août, qui ſe joint à elle : ce qu'elles ont de plus ſpiritueux s'en détache comme au printemps, perce par les iſſues les plus aiſées, & forme des boutons à fleurs & à bois pour l'année ſuivante : ce qu'elle a de plus groſſier continue à reſter en mouvement entre l'écorce & le bois, juſqu'à ce que le froid la congele. Les chaleurs du printemps ſuivant la remettent en fuſion pour ſuivre les mêmes procédés que nous venons de détailler.

Une expérience journaliere nous prouve que les arbres conſervent beaucoup de ſéve pendant l'hyver : mettez au feu, dans les plus grands froids, un morceau de bois qui vous paroîtra ſec, & dans lequel vous ne verrez nulle apparence de ſéve, en la cherchant avec les meilleurs microſcopes : la chaleur du feu liquefie ce qui en eſt reſté d'engourdi, & la fait ſortir en bouillonnant, par les extrémités de la buche.

Une terre graſſe, profonde, & bien remplie de ſels, produit dans les arbres, aux beaux jours du printemps, un effet à peu-près pareil à celui que produiſent, dans un alambic, des matieres ſpiritueuſes, animées par le feu : plus d'un côté, les matieres abondent en esprits; plus de l'autre, la terre est remplie de sels; l'un & l'autre animés par une chaleur convenable; plus la vapeur qui en sort est abondante, & disposée à monter en l'air.

Voilà pourquoi un arbre planté dans un bon fonds, qui par conséquent abonde en sels, perce & s'éleve facilement & promptement: au contraire, dans un fonds ingrat, la terre fournissant moins de sels à la séve, elle est moins abondante & moins forte, & quoiqu'animée par la même chaleur, au lieu de monter au faîte de l'arbre, en suivant les canaux perpendiculaires, elle s'échappe tout le long du corps de l'arbre par les canaux transversaux qui s'y rencontrent, y forme des boutons & des branches, monte à la cime en petite quantité, & en languissant, quelquefois même n'a pas la force d'y parvenir, d'où il arrive que l'arbre reste court & trappu & perd même en vieillissant, sa tête qui faute de séve, se desseche & périt.

Il faut observer que la marche de la végétation n'est pas invariable dans ses productions, les boutons de beaucoup d'espèces d'arbres, quoique tous formés de l'année précédente: & ayant leur destination, en changent suivant la position où ils se rencontrent lors de l'éruption de la séve. Par exemple, mettez en terre une branche de vigne; les boutons de ce bois qui étoient destinés à porter des branches, des feuilles, ou même des fruits, ne produiront que des racines: & si, dans d'autres arbres, vous mettez à découvert une portion des racines, les boutons qui se rencontrent sur ces mêmes racines, & qui étoient destinés à en produire d'autres, donneront des branches garnies de feuilles, d'abord qu'elles ſe trouveront environnées d'air, au lieu de l'être de terre.

La racine des plantes leur ſert d'eſtomach pour digérer les ſels de la terre qui font leur nourriture : l'écorce eſt la peau qui revêt les vaiſſeaux dont l'aſſemblage forme la tige de l'arbre, qui nous repreſente le corps de l'animal, & la ſéve qui monte, de la racine aux branches, puis revient des branches à la racine, reſſemble, dans ſes mouvemens, au ſang qui circule dans le corps des animaux.

Nous avons dit que c'eſt le lit intérieur de l'écorce qui renflé & nourri par la ſéve, fournit une nouvelle couche de bois. Il faut obſerver que cette nouvelle couche, en ſe formant, ne prend pas irrévocablement la nature du bois qu'elle enveloppe, qu'elle peut, avec le ſecours de l'art, en prendre une autre, & & devenir d'une eſpèce très-différente de celle de l'arbre dont elle fait partie, ce qui eſt prouvé par la greffe en écuſſon. Entamez l'écorce d'un coignaſſier, inſérez-y une partie d'écorce de poirier, qui aura un œil ſur la derniere couche ligneuſe du coignaſſier, celle qui eſt en train de ſe former, & toutes celles que la ſéve formera par la ſuite, ſeront de la nature du poirier, & ne tiendront en rien du coignaſſier, qui ſera cependant la baſe de l'arbre, puiſque ce ſeront ſes racines qui pomperont de la terre les ſels & les ſucs nourriciers.

De la plantation des Bois.

Les friches qui couvrent les hauteurs ſituées entre Sens & Joigny, méritent de l'attention par leur étendue, par leur inutilité actuelle, n'y ayant pas dans les environs assez de bestiaux pour profiter du peu de pâturage qui s'y trouve & par le parti qu'on pourroit en tirer si on les mettoit en bois. Mais on est persuadé que les plantations considérables exigent de grosses avances qui sont long-tems mortes, & que leur réussite est incertaine ; ce qui est très-vrai surtout, si le planteur ignore la nature & les propriétés de son terrein ; s'il ne sçait pas bien planter & à peu de frais. On ne peut donc encourager les propriétaires qu'en diminuant la dépense, en assurant & accélérant le produit : j'espere que les différentes épreuves que j'ai faites, & le succès qui les a suivies, m'aidront à remplir, en partie, ces objets.

J'avertis que je n'entends point faire des plantations qui puissent faire tort au labourage ou à la pâture : je sens trop l'utilité de ces deux principales branches de l'Agriculture ; mais la plûpart des friches dont je parle sont de trop mauvais fonds pour que quelqu'un qui bâtiroit des fermes, & les mettoit en culture, pût espérer d'être jamais dédommagé de ses avances. Les terres ont été autrefois toutes couvertes de bois ; elles ont sûrement, après l'arrachis, donné de belles récoltes occasionnées par le défoncement des terres : & la pourriture des feuilles : mais ces terres se sont affaissées, l'engrais des feuilles s'est consommé, & les averses ont emporté ce qui restoit de plus meuble, de plus léger, & de plus fertile, de façon qu'elles ne produisent pas même assez d'herbes pour faire un pâturage médiocre.

Il s'agit premierement de sçavoir à qu'elle

eſpèce de bois chaque terre eſt propre.

Preſque tous les terreins peuvent produire du chêne le plus utile de tous les bois, mais il vient ou médiocre, ou difficilement, & toujours lentement, à moins qu'on ne rencontre de ces terreins qui ayant beaucoup de fonds, lui ſont abſolument propres, & qui ſont aſſez rares dans le pays dont il s'agit. Il eſt lent & difficile à prendre dans les terreins argilleux & froids; il y donne cependant de très-belles pouſſes, lorſqu'il y eſt une fois établi, qu'elles ont du fonds & point de mouillieres. Il réuſſit mieux que tous les autres dans la pierre, ſur-tout s'il y a du fonds : il eſt tendre à la gelée, c'eſt pourquoi il ſouffre beaucoup dans les vallées étroites & profondes où les taillis ſont fort ſujets à geler; une fois pris, il y réuſſiroit mieux en futaie.

Le charme veut de bons fonds, legers & ſableux, craint peu la pierre & la gelée.

Le chataignier aime le ſable & la terre legere, il gele, ainſi que le chêne très-aiſément, & périt dans les mouillieres.

Le bouleau ſe plaît dans la terre argilleuſe & froide. Toutes expoſitions lui ſont bonnes avec cette terre, il n'aime cependant pas les vallées étroites, où les coups de ſoleil le tuent.

Le tremble, le marſault, le peuplier blanc peuvent être relegués dans les mouillieres, & y donner quelque produit, ſur-tout le tremble, qui devient promptement un gros & grand arbre, ſi la mouilliere a du fonds & ne conſerve pas l'eau trop long-tems.

Il ſe trouve des terreins rebelles, tels que ceux qui n'ont point du tout de fonds, ou qui ſont mêlés de craie : ils ont peine à produire les plus mauvaiſes eſpèces de bois : il n'y a d'autre parti à prendre que de les laiſſer dans leur état d'inutilité, à moins que par leur ſituation & leur expoſition, ils ne ſoient propres à produire de la vigne ou du bled. Si cependant on eſt forcé, pour établir une garenne, pour un point de vûe, ou pour d'autres raiſons, de le mettre en bois, on pourra y mettre du coudrier, du genièvre, en prenant les précautions que nous indiquerons ci-après.

Commençons par le chêne.

Si le friche n'eſt pas trop vieux, ni trop couvert de bruyeres & autres arbuſtes, pour être entamé par la charrue, il faut mettre le feu aux bruyeres par un tems ſec ou de gelée, en prenant toutes les précautions poſſibles pour qu'il n'endommage pas les bois voiſins; labourer enſuite avec une bonne charrue fortement attelée, ſemer environ un ſeptier de gland, par arpent, avec la quantité d'avoine uſitée dans le païs, & recouvrir le tout avec la herſe. Cette quantité de gland paroîtra conſidérable; mais il faut obſerver que ce fruit a une multitude d'ennemis tels que le geay, la pie, le corbeau, le mulot, qui, parce qu'il eſt impoſſible de le bien enterrer dans un friche toujours mal labouré, en enlevent beaucoup avant qu'il ait fait ſa pouſſe, & lorſqu'il l'a faite, la gelée, les coups de ſoleil, la chenille, le hanneton en font périr une grande partie.

Dans un terrein en culture, on peut retrancher un tiers de la ſemence. Le gland ainſi ſemé, veut être foſſoyé & ſoigneuſement gardé

gardé des bestiaux de toute espèce : mais si le fonds n'y est pas parfaitement propre, quand il leveroit bien, il est trente ans avant de donner un produit passable.

Si l'on veut diminuer les frais de culture, on peut, l'automne, lorsque la terre sera trempée, tirer une raie profonde avec une bonne charrue, en tirer une seconde attenant, comme lorsqu'on enraie un champ, ce qui formera un petit sillon : au printems, lorsque la terre sera murie, y semer le gland fort épais & passer dessus une petite herse faite exprès, pour recouvrir le gland, ou la châtaigne.

J'aimerois autant herser le petit sillon avant d'y jetter le gland, qu'on placeroit ensuite à la main avec un outil fort leger, & recouvriroit après, de la terre menue ; l'opération seroit plus sûre, mais elle seroit plus coûteuse.

On peut laisser trois à quatre pieds d'intervalle entre chaque petit sillon.

Ne manquez jamais, avant la culture, de brûler les bruyeres s'il y en a.

Si le terrein n'est pas absolument pierreux & s'il tient de l'argille, on peut, dans les intervalles, planter du bouleau, de la façon qui sera indiquée ci-après : il abritera le chêne & pendant la crue de ce dernier, qui est toujours lente, il donnera de belles pousses dont l'on pourra tirer parti, & par succession de tems, celui des deux bois qui s'y plaira le mieux l'emportera sur l'autre.

Si le friche est trop vieux, & si les arbustes qui le couvrent ont de trop grosses racines pour être emportées par la charrue, on peut, après en avoir brulé la superficie, planter en pot, c'est à-dire, faire de quatre pieds en quatre pieds, sur tous sens des trous de quinze à dix-huit pouces en quarré. On commence par enlever le gason, & toutes les racines qui y tiennent; on en secoue la terre sur le trou dont, on met ensuite en culture toute l'étendue, on y place sept à huit glands qu'on couvre légerement de terre, cette espèce de semence ne voulant pas être enterrée profondément, d'autant que la racine piramidale s'enfonce d'elle-même, & les deux lobes du gland craignent pour s'ouvrir, d'être gênés par le poids de la terre qui empêcheroit l'arbrisseau foible dans sa naissance, de percer & de monter en l'air.

Cette façon d'opérer a cependant un inconvénient, qui souvent perd en tout, ou en partie, la plantation; les bruyeres quoique brûlées repoussent & croissent fort vîte: leurs racines alors dessechent la terre au fond du trou, & alterent celles du plant, pendant que sa cime environnée de celles des mêmes bruyeres, ne reçoit pas la douceur que les vents frais pourroient lui procurer pendant les chaleurs de l'été, & supporte les rayons du soleil dans toute leur force, dont elle est dessechée. Je n'y connois d'autre remede que d'arracher & déraciner la bruyere au tour des trous; mais cette oppération est coûteuse.

J'ai vu quelquefois y mettre le feu une seconde fois, mais il faut que le plant soit fort, sans quoi on risque de le dessecher & de tout perdre.

On peut faire mieux dans ces mêmes friches impraticables à la charrue: c'est, après avoir brûlé les arbustes, d'y tracer au cordeau des raies de six pieds en six pieds, de mettre en bonne façon à la pioche, le long de chaque raie, une platte bande d'un pied & demi de large, ce qui ne prendra que le quart de votre terrein, de faire cette opération le plus long-tems qu'on pourra avant la plantation, afin que les terres ayent le tems de mûrir, donner une ſeconde façon au mois de Mars, elle ſera peu coûteuſe, ſemer enſuite au milieu de la platte-bande un rayon de gland, à la même façon & avec le même outil que l'on employe pour ſemer les pois : on pourra l'année ſuivante, faconner la platte-bande des deux côtés du rayon, & avoir l'attention de charger de terre ce même rayon, en endoſſant la platte-bande : par-là, on donnera de la nourriture au plant, & on en ôtera à la bruyere voiſine qui s'en trouvera ſéparée par une petite raie.

Voilà de toutes les façons de ſemer le gland dans les friches, celle qui m'a parue la meilleure : le terrein eſt premierement défoncé cinq ou ſi mois avant le ſemis, par-là il ſe trouve ameubli, il eſt enſuite cultivé & réchauſſé, ſi on le juge à propos, & on n'a à cultiver, par arpent de bois que 1000 à 1100 toiſes de platte-bande.

Il y a cependant une autre façon plus ſûre, mais plus coûteuſe, de planter dans les vieux friches, c'eſt, au lieu de faire des plattes-bandes, d'y ſubſtituer un petit foſſé de même largeur, & d'un pied de profondeur. La terre ſortie de ce foſſé ſe mûrit; on y plante au mois de Février ou de Mars ſuivant, du plant de chêne, à deux ou trois pieds de diſtance en retirant dans la rigole la terre qui en eſt ſortie; on y ſeme enſuite pour plus grande ſûreté, quelques glands entre les plants, &

ſur la même ligne, pour ne pas gêner la culture qui eſt néceſſaire au plant de chêne tranſplanté.

Il faut obſerver que ce plant de chêne eſt très-difficile à arracher, ſa racine piramidale eſt très-longue, & ſouvent ſans chevelus au collet : il faut par conſéquent une fouille profonde pour la tirer. Si l'on parvient à la tirer de toute ſa longueur, il faut que la rigole ſoit très-creuſe pour l'y planter à l'aiſe ; mais ſi on la caſſe en l'arrachant, cette racine qui ſouvent eſt unique, reprend difficilement : j'ai remarqué qu'en pareil cas, le petit chêne vivoit quelquefois deux ou trois ans, & mouroit enſuite : j'en ai cherché la cauſe en l'arrachant, & ai preſque toujours trouvé à la plaie du pivot un chancre ou un champignon que j'ai regardé comme la cauſe de ſa perte. Il faut donc, pour réuſſir, avoir du plant de chêne qui ait peu de pivot, & beaucoup de chevelu au collet, ce qui eſt rare dans les bois : le hazard m'a fait trouver le moyen de s'en procurer.

On avoit découvert & preſque démoli une ferme dans l'intention d'en planter les terres en bois : les chambres de cette ferme dont le carreau ſubſiſtoit, étoient comblées de décombres à un pied ou quinze pouces de hauteur : on unit, à peu-près, ces décombres pour y dépoſer le gland que l'on vouloit ſemer au printemps ſuivant. Après l'avoir enlevé, il en reſta beaucoup dans les démolitions qui leva parfaitement, & profita plus du double, que celui qui avoit été mis en pleine terre : on l'y laiſſa trois ans, au bout duquel tems, il fut deſtiné à être repiqué dans les places manquées : il ſe trouva très-aiſé à arracher, bien chevelu, & la racine piramidale qui avoit été arrêtée par le carreau, ayant fait fourche, & n'ayant pas tiré toute la ſeve de la plante, comme il arrive lorſqu'elle trouve du fonds & qu'elle eſt en pleine liberté, cette même ſéve avoit percé tout autour, & produit beaucoup de racines latérales. Ces chênes tranſplantés avec ſoin firent des merveilles.

Il eſt aiſé de s'en procurer de pareils en mettant, ſoit ſur un endroit pavé, ſoit ſur un tuf dur, une couche ſuffiſante de terre ſableuſe, ou de ſable gras, & y ſemant du gland qu'on arrachera, lorſque le plant ſera aſſez fort.

Avant de ſemer le gland, il eſt à propos de le plonger dans des baquets plein d'eau & de rejetter tout celui qui ſurnage parce qu'il eſt ſûrement taré, & de ne ſemer que celui qui va au fond. Il en eſt de même de la châtaigne.

Lorſque l'arbre a cinq ou ſix ans, il faut le receper avec une ſerpette bien tranchante crainte de l'ébranler, & répéter cette opération de tems en tems juſqu'à ce qu'on le voie s'alligner, & donner de belles pouſſes. Au printemps qui ſuit le recepage, la premiere ſéve, en partant des racines, pour monter en l'air, trouve dans la plaie faite à l'arbriſſeau, un obſtacle qui l'arrête dans ſes premiers mouvemens, lors deſquels elle n'a pas encore toute ſa force : elle prend le parti de refluer dans les racines, les fortifie, les allonge, & leur procure une nourriture plus abondante : peu de tems après, la chaleur de la ſaiſon animant davantage cette même ſéve, lui donne la force de faire ſon éruption au tour du tronc, & de pouſſer des gaulons qui, nourris par un plus grand nombre de racines, ont plus de vigueur, & plus de diſpoſition à monter en l'air.

Dans pluſieurs forêts, lorſqu'on voit des parties baſſes & rabougries, on les coupe, dans l'inſtant de la ſéve, pluſieurs années de ſuite, pour faire refluer cette même ſéve dans les racines, & les mettre en état de donner de plus belles tailles.

Ne pourroit-on pas penſer, d'après ces uſages, que les chenilles & hannetons, qui attaquent les bois dans leurs premieres pouſſes, & que l'on regarde comme leurs plus grands ennemis, ne leur font pas tout le mal qu'on s'imagine : ſi les obſtacles qu'ils mettent à la ſéve vont à l'avantage des racines & du corps de l'arbre, qui ſe fortifient de tout ce qui auroit ſervi à augmenter la cime & les branches, & les met en état de fournir plus d'alimens dans une ſaiſon où elle ne rencontre point d'obſtacles.

L'Auteur de la nature eſt trop bienfaiſant pour avoir créé ſes inſectes uniquement dans l'intention d'arrêter l'accroiſſement de nos forêts, & de nos arbres fruitiers : ils ſervent, à la vérité, à la nourriture de pluſieurs animaux; mais ces mêmes animaux ont leurs reſſources ordinaires, les années qu'ils en ſont privés.

J'ai toujours obſervé que ces inſectes attaquent peu les arbres nourris dans les bons fonds; mais qu'ils ſe jettent ſur ceux qui croiſſent dans les terreins ſecs & graveleux : c'eſt vraiſemblablement, parce que les pouſſes de ceux-ci ſont plus tendres & d'un ſuc plus agréable, ainſi que celui des fruits qu'ils produiſent;

mais auſſi ayant un ſol plus rude, & moins facile à percer, peut-être ont-ils beſoin de ce redoublement de forces pour parvenir à s'y inſinuer.

Du Charme.

Quoique le charme ſoit un excellent bois à brûler, & qu'on s'en ſerve utilement pour les ouvrages qui demandent beaucoup de force, on ne s'attache pas à en faire de grandes plantations. Il vient communément de vaux grain dans les vallées dont le terrein eſt chaud & profond, quoique ſableux & même pierreux: comme il craint moins la gelée & les coups de ſoleil que le chêne, il y prend ſouvent ſa place; il ne produit pas, à la vérité, autant en groſſeur; mais il l'égale, au moins, en hauteur, il vient beaucoup plus fourré, & rend autant au propriétaire.

Si on veut en faire de grands ſemis, il faut après avoir récolté la graine, la mettre dans des tonneaux, l'entremêler de lits de ſable fin, préſerver ces tonneaux de la trop grande humidité & de la gélée. Au printemps, cette graine germée, en partie, ou préparée à germer, levera aiſément.

Il faut préparer un bon terrein léger, le mettre en bonne culture par pluſieurs labours & herſages; y ſemer, au printemps, une demie avoine, la herſer, ſemer enſuite la graine de charme avec le ſable dans lequel elle aura paſſé l'hiver, & la herſer légerement. Si le terrein & le tems ſont favorables, il en levera beaucoup plus qu'il ne faut pour faire un bois plein: on pourra arracher le ſuperflu, & le planter dans les vuides, avec le même soin que nous demandons pour le chêne.

Il faut observer que le plant fort, c'est-à-dire de la grosseur du doigt, réussit mieux par tout que le foible, mais sur-tout dans les terres fortes & pesantes, où ce dernier ne reprend que très-difficilement.

On en fait un très-grand usage pour les palissades des parcs & jardins, il est supérieur à tous les autres bois, & prend les formes que les Jardinier veut lui donner.

Pour bien planter ce bois en allées, il faut préparer des rigolles, comme nous l'avons dit pour le chêne, lorsque la terre sera meuble; les remplir à moitié, y placer son plant à six ou huit pouces de distance, & le recouvrir de ce qui reste de terre. Si le fonds est médiocre, il ne faut lui donner que six pouces de hauteur; s'il est excellent, on peut lui donner sept à huit pieds; il faut alors que les brins soient plus gros, & parfaitement chevelus. A quelque hauteur qu'on le plante, il faut lui donner deux ou trois labours par an: j'ai remarqué que plus on le butte, en le façonnant, mieux il profite; on cesse de le façonner lorsqu'on voit qu'il a parfaitement repris. Si on s'apperçoit qu'il languisse, on peut l'élanguer contre terre, à environ un pied de hauteur, mais sans l'étêter: je m'en suis très-bien trouvé.

Observez de n'employer que du plant de graine, celui qui vient de traînée ou de marcotte réussit difficilement.

Cet arbre a dans sa jeunesse un ennemi mortel, que l'on nomme le *mon* ou *ver blanc*, qui est le pere du hanneton: il en pele exactement la racine, & donne la mort à l'arbre. Je n'y ai trouvé d'autre remede que de cultiver souvent l'arbre, lorsque je m'appercevois du ravage de l'insecte, de l'exterminer avec le plus grand soin : mais il arrive communément que lorsqu'on voit le mal, il n'est plus tems d'y remédier.

On peut encore imbiber la terre d'une décoction de suie, ce qui ne peut être d'usage que pour de très-petites parties.

Si le terrein se trouvoit trop aigre, sec & graveleux pour le charme, on pourroit y planter de l'érable avec les mêmes précautions, & en le buttant de quatre à cinq pouces ; ce bois forme d'assez belles palissades & réussit dans les terreins les plus maigres.

Du Châtaignier.

Nous avons dit que les terres pierreuses mêlées de sable, celles qui sont purement sableuses, & les terreins legers, quoique maigres, étoient propres au Châtaigner, qui est de tous les bois, celui qui rend le plus de profit, soit qu'on le coupe tous les six ou sept ans, pour faire du cercle, soit qu'on le laisse sur pied seize ou dix-huit ans pour faire de l'échalas, de la perche à palisser & du cercle à cuve. J'en ai vu des arpens produire plus de 40 écus net, quoiqu'ils n'eussent que six feuilles.

Le semis de ce bois réussit mal dans le pays dont je parle, soit qu'on le fasse en pépiniere, ou en plein champ ; les mulots, les pies, geais & corbeaux enlevent une bonne partie de la chataigne, & ce qui leve est presque tout détruit par les coups de Soleil, & par la gelée :

D'ailleurs ce fruit se vend 15 à 20 l. le septier, ce qui rend le semis fort coûteux. Il faut donc nécessairement avoir recours au plant. On peut, comme nous l'avons dit du chêne, le mettre dans des rigolles, mais cette façon de planter emporte beaucoup de plant qui est assez cher. D'ailleurs, lorsqu'il est en plein rapport, il produit de très-grosses tailles, qui, s'il étoit planté près à près, se nuiroient : c'est pourquoi il n'y a pas d'inconvénient à l'espacer plus que les autres bois.

Il faut donc le plus long-tems qu'il est possible avant la plantation, faire de six en six pieds sur tous sens, de bons trous d'un pied & demi en quarré & d'un pied de profondeur, il en faudra 1000 à 1100 par arpent.

Aussitôt que la feuille sera tombée, on fera venir de Luciennes, près Marly, ou de tout autre endroit, qui sera plus à portée du plant de trois ans. Il coûte 5 à 6 l. le millier : il est beau à Luciennes à cet âge. On le plantera avec soin, & on lui donnera deux labours par an, jusqu'à ce qu'on soit content de ses pousses, en observant de remplacer tous les hyvers ce qui aura manqué. A six ans on le taillera ; à douze ans de plantation il donnera quelque profit, & à dix-huit ans, il en donnera passablement.

Du Bouleau.

Si la terre est argilleuse & froide, le bouleau s'y plaira mieux que tout autre bois, quoiqu'il soit peu estimé pour brûler, il est très-bon pour faire du cercle, donne d'assez bon charbon, & se vend cher lorsqu'il est assez gros pour faire des ſabots ; d'ailleurs il vient preſque du double, plus promptement que le chêne, coûte peu à planter, réuſſit preſque toujours dans les terreins qui lui conviennent, ne craint ni la gelée, ni le hanneton, ni la chenille, & n'exclut point le chêne & autres bois : même lorſqu'il a pris, ſi l'on ſeme au mois de Mars, à travers, du gland, & à la volée, il abrite le chêne dans ſa naiſſance, le garantit des gelées & des coups de ſoleil, & s'il s'y plaît, par ſucceſſion de tems, il prend le deſſus, ſe rend le maître, & étouffe le bouleau.

J'oubliois de dire qu'on préfere l'écorce du bouleau à celle du chêne pour tanner le maroquin.

La façon de le planter la moins coûteuſe, & qui m'a le mieux réuſſi, eſt d'employer premierement des pionniers qui, en trois ou quatre coups de leurs groſſes pioches, font de quatre en quatre pieds, des trous ſuffiſans pour recevoir un plan de bouleau. Si le terrein n'eſt pas trop couvert de bruyeres, ils en feront chacun 1000 ou 1200 au moins par jour, ils m'en ont fait juſqu'à 1800 chacun : lorſqu'ils ont une journée d'avance. on les fait ſuivre par un homme qui a une bêche, & un petit garçon chargé d'un paquet de plants : l'homme commence par tirer du trou une bêchée de terre menue, l'enfant y place un plant, le Planteur couvre la racine avec la terre menue qu'il a ſur ſa bêche, dont il ſe ſert pour hacher le gazon, s'il y en a, le pouſſe, ſur le plant ; le petit garçon le pouſſe auſſi de ſon côté avec ſon pied & foule légerement, crainte que le hâle ne pénetre juſqu'aux racines : ils rempliſſent par jour, à eux deux, autant de trous que le Pionnier en peut faire.

Il entre environ deux milliers de plants par arpent.

Si le Pionnier ne fait par jour que 1000 trous, c'est par millier,	1 liv.	
Le Planteur gagne 16 s. & le Serveur 8 s. Ils plantent par jour un millier de plant, ce qui fait, . .	1 l.	4 s.
Le millier de plant coûte, . . .	1 liv.	
Tous les frais d'un millier montent donc à . . .	3 l.	4 s.

S'il entre deux milliers de plants dans un arpent, la plantation reviendra par conséquent à 6 liv. 8 s. l'arpent.

Si le friche n'est pas vieux, & si l'on a de bons ouvriers bien suivis, l'ouvrage peut aller plus vîte. Dans ma derniere plantation, qui étoit de 15 arpens, il entra 30800 de plants à 1 liv. . . .	30 l.	16 s.
17 journées de Pionniers, . .	17 liv.	
15 journées de Planteurs à 16 s.	12 liv.	
15 journées de Serveurs à 8 s. .	6 liv.	
Ce qui fait pour tous les frais des 15 arpens, . . .	65 l.	16 s.
Ainsi la plantation de chaque arpent ne m'a coûté que . .	4 liv.	8 s.

Il est vrai que mes ouvriers plantoient depuis plusieurs années, & travailloient avec plus d'aisance; le friche n'étoit pas vieux, mais la terre étoit mêlée d'un peu de pierres, qui sont toujours un obstacle, & retardent la besogne.

On peut encore, si la terre se remue aisément à la charrue, tirer une raie profonde de quatre pieds en quatre pieds, on évitera par-là, les frais du Pionnier, le Planteur tirera une bêchée de terre du fond de la raie, le Serveur y placera ſon plant, qui ſera recouvert de la terre que la charrue aura jettée à côté : cette façon ne ſeroit moins coûteuſe, que dans le cas où l'on auroit des chevaux à ſoi, & où l'on voudroit mettre le plant plus ſerré.

Un point eſſentiel eſt que le plant ſoit bon, bien enraciné, & le plus gros qu'il ſe pourra : il eſt de nature à s'éventer facilement ; pour éviter cet inconvénient, il faut à meſure qu'on l'arrache, le couvrir avec des hardes ou de l'herbe, & l'enterrer tous les ſoirs très-ſoigneuſement par petits paquets, d façon que le vent, la gelée, ni le ſoleil, ne puiſſent y pénétrer.

Il eſt très à craindre que les gens qui l'arrachent ne lui laiſſent paſſer la nuit à l'air : s'ils ſe trouvent dans le voiſinage, il faut les obliger à l'apporter tous les ſoirs dans l'attelier, afin de le faire enterrer devant ſoi.

Si on le fait venir de loin, il faut avoir, dans le pays où on l'arrache, quelqu'un de confiance qui y veille de près, on ne peut prendre trop de précautions contre l'infidélité des ouvriers ſur ce point.

Il faut avoir l'attention de mettre le plus beau plant ſur les levées des foſſés qui entourent la plantation, il y trouvera un double fonds, & une terre remuée qui le fera profiter très promptement, & le mettra en état de produire au bout de peu d'années, de la graine, qui, tranſportée par le vent à travers la piece, y levera & remplira le bois.

J'ai vu douze bouleaux épars en huit arpens de terrein vuide, bien foſſoyé ſe garder, ſe ſemer & remplir de façon qu'au bout de dix ans, il n'étoit pas possible d'y passer.

Si vous avez des parties trop humides pour le bouleau, pourvu cependant que l'eau n'y séjourne pas trop long-tems, on peut y planter du marsault ; il vient promptement, & fait de très-bons cercles : planté comme le bouleau, il reprend aussi aisément, les boutures mêmes font bien dans un terrein marécageux. Ce bois veut être coupé souvent. Après dix ou douze ans, non-seulement il ne profite plus, mais il périt & séche sur pied : il est aussi très-sujet à être mangé par les bêtes fauves.

Le tremble & le peuplier blanc y réussiront aussi, quoique peu estimés : on en tire parti en échalas, en barres pour les tonneaux, en mairain pour les couvertures : ils viennent très-vîte, & comme après la coupe ils levent sur les racines qui tracent au loin, ils remplissent très-bien les vuides d'un bois.

Le peuplier blanc reprend facilement de boutures.

Au bout de sept à huit ans, vous pouvez réceper le bouleau : comme ce bois a l'écorce dure & épaisse, sur-tout en pied, si l'on taille les jeunes plants de trop bonne heure, ceux qui languissent encore ne repoussent pas, c'est pourquoi l'on conseille d'attendre sept à huit ans, plus on le coupe vieux, plus il repousse avec force. Si on est dans un pays oû la bourée ait du débit pour les fours à tuile & à chaux, cette premiere coupe vous rendra plus que les frais de la plantation.

Observez en recépant, de laisser d'espace en espace, des brins qui portent de la graine, & que l'on nomme *grenadiers*, ils fourniront de la ſemence pour garnir votre bois.

Vous pourrez faire la ſeconde coupe au bout de ſix à ſept ans, vous tirerez du cercle, du charbon, de la bourrée; après quoi, ſi le bois eſt en bon fonds & bien plein, vous pourrez le laiſſer vieillir ſeize ou dix-huit ans, alors il vous donnera du cercle à cuve, du charbon, du bois à ſabots, &c. Si le fonds eſt médiocre, coupez-le tous les ſix ou ſept ans, pour du cercle & de la menue marchandiſe.

Si vous avez un terrein ſableux, maigre & ſec, ou qui avec une ſuperficie paſſable, n'ait point de fonds; que vous vouliez abſolument le mettre en bois, après avoir eſſayé inutilement le châtaignier & le chêne, mettez-y de l'érable, du coudrier, du merizier, du tremble : plantez-les profondément & buttez-les, ils pourront y réuſſir, & vous donner dans les commencemens de foibles productions, qui peut-être dans la ſuite, deviendront paſſables.

Il ſe trouve des parties de montagnes où, ſous une très-petite épaiſſeur de terre, il ſe trouve une craie pure & compacte : il eſt fort difficile de faire prendre du bois dans ces ſortes de terreins; mais ſi pour ſe cacher la vûe d'une montagne pelée, ou pour d'autres raiſons, on eſt décidé à y planter, il faut couper le terrein par de petites tranchées paralleles à la baſe de la montagne, afin que l'eau des pluies s'arrête dans ces tranchées, & ne forme point de ravines, faire cette opération pluſieurs mois, ou même un hyver entier avant la plantation, afin que la craie puiſſe ſe fondre & ſe mûrir, placer enſuite ſur les rives de ces petits foſſés, du plant bien enraciné, de bouleau, de marſaut, de coudrier, de tremble, d'érable, de genievre, petits & en mottes, s'il eſt poſſible; y repiquer dans les manques le plant qui paroîtra pouſſer le mieux, coucher les branches des marſaules qui auront repris, & y jetter des graines de ces différens arbres. Si l'été ſuivant eſt humide, il pourra en reprendre paſſablement.

Quelques années après la plantation, lorſque les eaux auront fait couler des terres dans les petits foſſés, on pourra y planter & y ſemer des grains comme on a fait ſur les ados. On ne peut pas en eſpérer de belles productions, mais on peut couvrir ſon terrein de brouſſailles pour en cacher la difformité.

Du Peuplier de Lombardie ou d'Italie.

Quoique nous ayons un Ouvrage ſur la culture des peupliers d'Italie (*a*), qui paroiſſe ne rien laiſſer à deſirer, je crois devoir dire ici ce que j'ai fait avec ſuccès.

Si on veut élever de ces arbres dans des terreins argilleux & froids, & ayant avec cela du fond, tels qu'on en trouve des portions ſur les montagnes dans les endroits où les entraînemens ont amoncelé des terres, ce ſol n'ayant pas la graiſſe, la chaleur, ni la bonté de celui des plaines ou des vallées, & des terreins bas où l'on plante ordinairement ces ſortes d'arbres, il faut y ſuppléer par la culture. On doit donc préparer tout le terrein, comme ſi on vouloit y faire une pépiniere, c'eſt-à-dire, le défoncer de deux bons pieds dans toute ſon étendue, & en faiſant cette opération, mettre

(*a*) Il ſe trouve chez le même Libraire; la veuve d'Houry, rue S. Severin, à Paris, [nouvelle édition augmentée, 1767.]

en

au fond de chaque jauge dessous le défoncement, un demi-pied au moins de toutes sortes de litieres ou arbustes, comme bruyeres, fougeres, petits genets, & geniévres; enfin tout ce qui n'ayant pas assez de consistance pour faire du feu, pourrit aisément. Les litieres menageront un petit intervalle entre la terre remuée & celle qui ne l'aura point été, l'eau s'y amassera, & pourra y entretenir de l'humidité partie de l'année.

Si le fonds est argilleux, la racine de l'arbre ira chercher avec empressement cette fraîcheur, s'étendra dans ces pourritures, toujours plus propres à la nourrir que la terre naturelle, & ces mêmes racines, étant à deux pieds de profondeur, mettront l'arbre plus en état de résister aux vents qui font souvent de grands ravages dans ces sortes de plantations.

Votre terrein ainsi préparé, plantez vos boutures de la maniere indiquée dans l'*Art de cultiver les Peupliers d'Italie :* au bout de trois ou quatre ans, marquez les arbres que vous voulez laisser en place, arrachez les autres pour leur destination ; cet arrachement donnera à votre terrein un nouveau défoncement qui facilitera beaucoup la pousse des racines des peupliers restans ; lorsque vous préparerez vos boutures, n'en taillez pas le pied en point, mais en bec de flute. J'ai observé en arrachant mes arbres, que lorsqu'elles ont été ainsi taillées, ils sort souvent de la partie la plus longue, entre l'écorce & le bois, des racines qui pivotent & font le même effet que la racine pyramidale d'un arbre venu de graine, & cela sans nuire à celles qui poussent horizontalement par les yeux. Si vous taillez vos boutures en pointe, vous privez votre arbre de ce pivot qui lui donne beaucoup de force.

Avec ces précautions, le peuplier d'Italie vient très-bien dans des terreins de montagnes argilleux & froids, où le peuplier de France ne fait absolument rien, & ne reprend même que très-difficilement.

Quelqu'intelligence & quelqu'attention que l'on apporte à la plantation des bois, on risque de perdre tout le fruit de ses peines, s'ils ne sont très-exactement gardés, & pour y parvenir, il faut outre un garde vigilant, de bons fossés de clôture : tout le monde sçait la façon de les faire & de les border d'épines, mais si l'on a un terrein aisé à entamer, on peut en diminuer les frais en tirant une forte raie de charrue à la place où l'on veut faire le fossé, & en repassant la charrue une seconde fois dans la même raie, & du même sens. Cette opération le creusera en partie, & diminuera la besogne des Terrassiers.

www.ingramcontent.com/pod-product-compliance
Ingram Content Group UK Ltd.
Pitfield, Milton Keynes, MK11 3LW, UK
UKHW021600260726
13993UKWH00002B/967